AF670510

Aus dem Institut für Agrarökonomie
der Christian-Albrechts-Universität zu Kiel

Bimodale Wahrnehmung von Verpackungsdesign: Der Einfluss von Optik und Haptik auf Markeneindrücke von Konsumenten

Dissertation
zur Erlangung des Doktorgrades
der Agrar- und Ernährungswissenschaftlichen Fakultät
der Christian-Albrechts-Universität zu Kiel

vorgelegt von
M. Sc. Sandra Littel
aus Templin

Kiel, 2010

Dekanin: Prof. Dr. Karin Schwarz
1. Berichterstatter: Prof. Dr. Ulrich Orth
2. Berichterstatter: Prof. Dr. Martin Schellhorn
Tag der mündlichen Prüfung: 15. Juli 2010

Bibliografische Information der Deutschen Nationalbibliothek

Die Deutsche Nationalbibliothek verzeichnet diese Publikation in der Deutschen Nationalbibliografie; detaillierte bibliografische Daten sind im Internet über http://dnb.d-nb.de abrufbar.

1. Aufl. - Göttingen : Cuvillier, 2010

Zugl.: Kiel, Univ., Diss., 2010

978-3-86955-415-0

Gedruckt mit Genehmigung der Agrar- und Ernährungswissenschaftlichen Fakultät der Christian-Albrechts-Universität zu Kiel

© CUVILLIER VERLAG, Göttingen 2010

Nonnenstieg 8, 37075 Göttingen

Telefon: 0551-54724-0

Telefax: 0551-54724-21

www.cuvillier.de

Alle Rechte vorbehalten. Ohne ausdrückliche Genehmigung des Verlages ist es nicht gestattet, das Buch oder Teile daraus auf fotomechanischem Weg (Fotokopie, Mikrokopie) zu vervielfältigen.

1. Auflage, 2010

Gedruckt auf säurefreiem Papier

978-3-86955-415-0

Danksagung

Ich möchte mich an dieser Stelle herzlich bei allen Personen bedanken, die zum Gelingen dieser Arbeit beigetragen haben. Ich danke meinem Doktorvater Herrn Prof. Dr. Ulrich R. Orth für die wissenschaftliche Betreuung und die wertvollen Ratschlägen. Für die Übernahme des Zweitgutachtens danke ich Herrn Prof. Dr. Martin Schellhorn.

Die Zeit am Lehrstuhl für A&F Marketing an der CAU Kiel wurde durch viele nette Kolleginnen und Kollegen zu einem Lebensabschnitt, an den ich mich gerne erinnere. Mein besonderer Dank gilt der guten Seele des Lehrstuhls, Marion Wolfram, die immer ein offenes Ohr hat und mit ihrem unermüdlichen Einsatz den Lehrstuhl mit stets guter Laune und großartigem Organisationstalent am Laufen hält. Ich werde die schöne Zeit in Kiel vermissen, doch bin ich mir zugleich sicher, dass der gute Kontakt bestehen bleiben wird.

Herzlichen Dank auch allen mitwirkenden Mineralwasserherstellern für die Bereitstellung der Stimuli, den Experten und Probanden für ihre Beteiligung an den Untersuchungen sowie dem Fotografen Ron Rademacher für die umfangreichen Fotoarbeiten. Ohne ihr Mitwirken wäre diese Dissertation nicht zu Stande gekommen.

Nicht zuletzt gilt mein besonderer Dank meiner Familie, insbesondere meinen Eltern, sowie meinem Freundeskreis, da sie mir während des gesamten Studiums und in der Promotion immer mit Rat und Tat zur Seite gestanden haben. Sie haben nicht nur meine schlechte Laune und Zeiten überstrapazierter Nerven geduldet und überstanden, sondern mir mit ihrer konstruktiven Kritik, motivierenden Gesprächen und vielen Ideen immer wieder den nötigen Anschwung gegeben.

Kiel, Juli 2010 Sandra Littel

Inhaltsverzeichnis

Abbildungsverzeichnis

Tabellenverzeichnis

Abkürzungsverzeichnis

ANCOVA	Analysis of Covariance
ANOVA	Analysis of Variance
CVPA	Centrality of Visual Product Aesthetics
adj.	adjusted
CFI	Comparative Fit Index
et al.	et alii
KFA	Konfirmatorische Faktorenanalyse
MANOVA	Multivariate Analysis of Variance
M	Mittelwert
N	Teil der Gesamtstichprobe
NFT	Need for Touch
n.s.	nicht signifikant
p	Probability
SD	Standard Deviation

1 Einleitung

1.1 Motivation und Ziel der Arbeit

Wo Zuneigung entsteht, wird davon gesprochen, dass sich zwei Menschen aneinander „*herantasten*", dass es zwischen ihnen „*knistert*", dass sie sich „*riechen*" können, dass sie „*Geschmack*" aneinander finden. Nach dem sprichwörtlichen „*ersten Blick*" erzeugen neben visuellen, auch taktile, akustische, olfaktorische und gustatorische Reize das „*Höchste der Gefühle*". Und da – wie Studien belegen können - im Idealfall auch zwischen Konsumenten und Marken eine speziellen Form der Liebesbeziehung besteht (Aaker, Fournier und Brasel 2004; Albert, Merunkac und Valette-Florencee 2008; Fournier 1998), sollten Markenmanager möglichst alle Empfindungsorgane ansprechen und multisensorische Strategien der Kundenansprache und -bindung nutzen, um die Kaufentscheidungen der Konsumenten ebenso geschickt, wie gezielt zu beeinflussen. Da die Kontaktaufnahme zwischen den Konsumenten und den Produkten am Point-of-Sale stattfindet, ist es Chance und Aufgabe vor allem der Verpackung aus Sinnesreizen Kaufanreize zu machen. Das Design einer Verpackung gewinnt gerade auf gesättigten Märkten mit qualitativ vergleichbaren Produkten zunehmend an Bedeutung (Underwood und Klein 2002). Es sendet Signale, macht die Marken unterscheidbar und dient somit der Orientierung. Das Verpackungsdesign vermittelt jedoch auch zentrale Markeninhalte (Orth und Malkewitz 2008), schafft Vertrautheit und leistet letztendlich auch einen entscheidenden Beitrag zur Bindung an eine Marke (Thomson, MacInnis und Park 2005; Underwood und Ozanne 1998).

Markenmanager setzen heutzutage noch verstärkt auf die visuellen Reize einer Verpackung, um die Marke in den Köpfen der Konsumenten zu verankern und Kaufanreize zu schaffen. Wie sich die Marke anfühlt, wird bisher jedoch weitgehend dem Zufall überlassen. Manchmal passt alles zufällig zusammen – manchmal aber auch nicht. Anders ausgedrückt, manchmal stimmen die Markeneindrücke, die durch zwei Sinnesorgane (oder auch Modalitäten), nämlich Optik und Haptik, vermittelt werden, überein, manchmal aber auch nicht. Um die Ziele der Markenpolitik jedoch bestmöglich umsetzen zu können, benötigen Unternehmen konkrete Hinweise dahingehend, welche Kombination aus visuellen und haptischen Designelementen bzw. welches Verpackungsdesign eingesetzt werden kann, um gezielt spezifische Markeneindrücke beim Konsumenten hervorzurufen und somit das Design effizienter zu gestalten.

In dieser Arbeit wird untersucht, welchen Einfluss der Einsatz zweier sensorischer Modalitäten (Optik und Haptik) auf die Markenbeurteilungen ausübt, unter Einbeziehung der Effekte, die sich aus widersprüchlichen Informationen ergeben. Dabei wird angenommen, dass eine sensorische Modalität (hier: Optik) zu Erwartungen bezüglich der Marke führt, die als Basis für nachfolgende Beurteilungen, beruhend auf einer anderen Modalität (hier: Haptik), dient. Für die Gültigkeit dieser Annahme sprechen die Ergebnisse verschiedener Forschungsarbeiten.

Im Bereich der Marketingforschung existieren bereits einige Studien, die den Einfluss einzelner Sinnesmodalitäten auf die Markenbeurteilungen untersuchen. Forschungen bezüglich der visuellen Reize von Verpackungen analysieren zum Beispiel die Effekte spezifischer Eigenschaften, wie Formen (Folkes und Matta 2004; Wansink 1996), Farben (Garber, Burke und Jones 2000), Logos/Schriftarten (Henderson und Cote 1998; Henderson, Giese und Cote 2004) und Bilder (Underwood und Klein 2002), auf die Beurteilungen der Marke. Jüngere Forschungsstudien stellen zudem systematische Zusammenhänge zwischen holistischen Typen von visuellen Verpackungsdesigns und den Markenbeurteilungen der Konsumenten fest (Orth and Malkewitz, 2008). Während der Einfluss visueller Eigenschaften auf die Beurteilung der Marke bereits häufiger untersucht wurde, gibt es bezüglich des Einflusses haptischer Eigenschaften auf die Markenwahrnehmung noch keinerlei empirisch belegte Forschungsergebnisse im Bereich des Verpackungsdesigns.

Ein verwandter Forschungsstrom zeigt auf, dass Menschen Marken via multipler Sinne wahrnehmen und beurteilen (Hekkert 2006; Lindstrom 2005a). Bislang richten allerdings nur wenige Studien ihr Interesse direkt auf das Zusammenspiel zwischen visuellen und haptischen Reizen. Die Mehrheit dieser Studien beschäftigt sich mit den Interaktionen zwischen der Exponierung gegenüber bestimmten Marketingkommunikationen und der Produktbeurteilung (Holbrook 1983; Klatzky, Lederman und Matula 1993; Krishna 2006; Wright und Lynch 1995). Diese Studien kommen zum Schluss,

dass mehr Forschungsbedarf dahingehend besteht, wie Informationen, die über einzelne sensorische Modalitäten bzw. Sinneskanäle oder aber durch die Interaktion verschiedener Sinne gewonnen werden, die Markenbeurteilung und Kaufabsicht des Konsumenten beeinflussen.
Weiterhin deuten Forschungen darauf hin, dass die Präferenz für ein Produkt bzw. deren Kaufabsicht zum Teil darauf beruht, wie leicht die wahrnehmungsbezogenen Eigenschaften des Produktes (hier: die visuellen und haptischen Designelemente) verarbeitet werden können. Wenn Konsumenten Marken am Point-of-Sale einkaufen, sind sie in der Regel den visuellen und haptischen Reizen sequentiell bzw. nacheinander ausgesetzt. Sie sehen das Produkt zunächst und fassen es dann an. Die visuellen Merkmale des Produktdesigns stellen dabei den *Prime* dar und die haptischen Merkmale das *Target* (Ziel-Stimulus). In dieser Arbeit wird untersucht, ob eine sequentielle Exponierung gegenüber zunächst visuellen und dann haptischen Verpackungseigenschaften (*Perceptual Priming*) dazu beiträgt, dass die Marke leichter verarbeitet wird und somit die Präferenz für die Marke bzw. deren Kaufabsicht steigt.
Forschungen im Bereich des Konsumentenverhaltens haben zudem herausgefunden, dass es individuelle Unterschiede bezüglich der Präferenzen für sensorische Informationen gibt (für eine Diskussion bzgl. der visuellen und verbalen Informationsverarbeitung siehe Childers, Houston und Heckler 1985). Daher wird in dieser Arbeit ebenfalls untersucht, ob individuelle Unterschiede des Menschen in der Fähigkeit zur Wahrnehmung von Unterschieden im Design (*Design Acumen*) und in dem Bedürfnis, Dinge anzufassen (*NFT*), die durch das Verpackungsdesign hervorgerufenen Markeneindrücke und die damit verbunden Kaufabsicht beeinflussen.

Diese Arbeit kombiniert folglich Forschungsansätze über einzel- und multisensorische Effekte auf Markeneindrücke mit solchen des *Perceptual Primings*, unter Berücksichtigung individueller Unterschiede bei der Wahrnehmung sensorischer Informationen mit dem Ziel, (1) holistische Typen von Verpackungsdesigns zu identifizieren, basierend auf deren visuellen und haptischen Eigenschaften, (2) zu untersuchen, ob diese bimodalen holistischen Designs systematisch mit bestimmten Markeneindrücken verbunden sind, (3) zu prüfen, welche Effekte kongruente oder inkongruenten sensorische Informationen hervorrufen und (4) inwiefern diese Effekte durch individuelle Unterschiede der Konsumenten beeinflusst werden.

Die folgende Abbildung stellt die im Rahmen dieser Arbeit zu untersuchenden Zusammenhänge zusammenfassend dar.

Abbildung 1: Untersuchungszusammenhänge (eigene Darstellung)

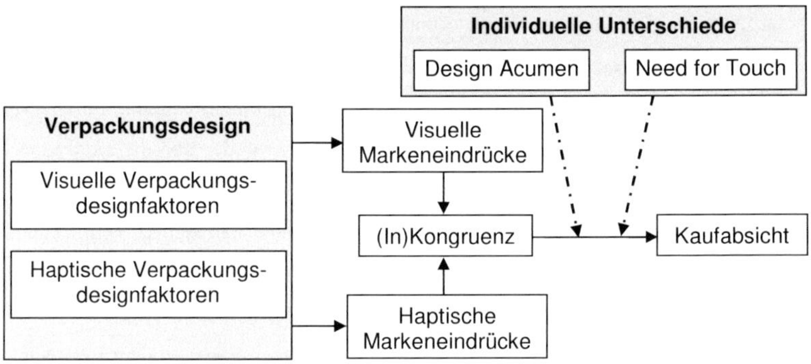

1.2 Aufbau der Arbeit

In drei aufeinander aufbauenden Studien wird der Einfluss visueller und haptischer Verpackungseigenschaften auf die Markenbeurteilung durch den Konsumenten untersucht. Zuerst wird der Einfluss der visuellen und der haptischen Eigenschaften unabhängig voneinander betrachtet, dann ihr Zusammenspiel und schließlich die Effekte die sich aus Widersprüchen zwischen den visuellen und haptischen Eindrücken ergeben. Um auf diese Studien hinzuführen, wird zunächst in Kapitel 2 auf wichtige Begrifflichkeiten eingegangen, bevor im Kapitel 3 der bisherige Forschungsstand zum Einsatz sensorischer Reize im Marketing vorgestellt wird. Des Weiteren wird in diesem Kapitel auf die Bedeutung des Verpackungsdesigns als Marketingstimulus und deren Funktionen eingegangen. Im Anschluss daran beschäftigt sich Kapitel 4 mit den theoretischen Grundlagen und der Herleitung der Untersuchungsthesen. Hierbei wird im Speziellen auf Ansätze aus der Gestaltpsychologie, die generischen Verpackungsdesignfaktoren, die Markenwahrnehmung durch den Konsumenten, die Ansätze zur

Analyse des Zusammenspiels verschiedener Modalitäten und die individuellen Unterschiede bei der Wahrnehmung sensorischer Informationen eingegangen. Im Kapitel 5 werden die empirischen Studien vorgestellt, jeweils unterteilt in Ziel der Studie, Vorgehensweise, Messungen, Ergebnisse und Diskussion. Im Anschluss daran folgt im Kapitel 6 eine zusammenführende Diskussion der empirischen Untersuchungsergebnisse aus theoretischer und praktischer Sicht. Des Weiteren wird auf Limitationen und zukünftigen Forschungsbedarf hingewiesen. Die Arbeit schließt mit einer deutschen und einer englischen Zusammenfassung.

2 Begriffliche Grundlagen

2.1 Modalitäten

Der Mensch erfährt seine Umwelt nicht unmittelbar ganzheitlich, sondern über spezialisierte Sinnesorgane. Diese Sinnesorgane reagieren auf unterschiedliche, spezifische Reize aus der Umwelt und wandeln diese entsprechend in neurale Aktivitäten um (Schmidt und Lang 2007). Ein Sinnesorgan vermittelt jeweils Sinneseindrücke, die in ihrer Intensität verschieden sein können, die in ihrer Qualität einander jedoch ähneln. Die Gesamtheit der durch ein bestimmtes Sinnesorgan vermittelten Eindrücke wird als Sinnesmodalität bezeichnet (Schmidt 1993). Zu diesen Modalitäten zählen die klassischen fünf Sinne: Sehen, Hören, Tasten, Schmecken und Riechen (Hirschman und Holbrook 1982; Schmidt 1993; Schmidt und Lang 2007; Schmielau 1987).

In den Sinnesorganen befinden sich Sinneszellen (Rezeptoren) mit einer hohen Empfindlichkeit für bestimmte Reize. Jeder Rezeptor ist auf bestimmte Reize spezialisiert und wandelt diese in nervöse Erregungen um. Sensible Nerven leiten diese Erregungen an das Zentrale Nervensystem weiter, wo sie visuelle, akustische, haptische, gustatorische und olfaktorische Sinneseindrücke auslösen. Diese werden dem Menschen als Empfindung bewusst und rufen – verknüpft mit vorhandenen sensorischen Erfahrungen – eine sensorische Wahrnehmung hervor (Miram und Krumwiede 2003; Newell 2004; Schandry 2006; Schmidt und Schaible 2006).

Der Fokus dieser Forschungsarbeit liegt auf der visuellen und haptischen Wahrnehmung. Unter der **visuellen Wahrnehmung** wird die Fähigkeit verstanden, visuelle Informationen, die eine Person durch die Augen wahrnimmt, zu identifizieren, zu organisieren, zu interpretieren und zu verstehen (Brown, Rodger und Davis 2003). Laut Wolfe, Kluender und Levi (2006, S.303) umfasst die **haptische Wahrnehmung** hingegen die Verarbeitung von Inputs multipler Subsysteme, einschließlich der Haut, der Muskeln, der Sehnen und Gelenke. McCabe und Newlis (2003a) unterscheiden zwischen der Haptik als aktive Berührung und der Haptik als passive Berührung. Eine aktive Berührung liegt beispielsweise vor, wenn eine Person nach einer Katze greift, um sie aufzuheben, und eine passive Berührung tritt auf, wenn die Katze das Bein der

Person streift. In dieser Arbeit wird speziell die aktive Berührung von Verpackungen untersucht.
Bei der Extraktion von Informationen aus der Umwelt agieren die Haptik und die Optik oftmals gemeinsam, wobei jede dieser beiden Modalitäten optimale Informationen in spezifischen Kategorien liefert. Die visuelle Modalität ist am besten geeignet, um geometrische Informationen (z.B. die Form) zu erfassen, wohingegen sich die haptische Modalität am besten zur Erfassung materieller Informationen (z.B. Substanz-Eigenschaften) eignet (Lederman und Klatzky 2004; McCabe und Nowlis 2003a; Newman et al. 2005).

2.2 Verpackungsdesign

Im Folgenden wird zunächst auf das Design im Allgemeinen und anschließend auf das Verpackungsdesign im Speziellen eingegangen.
Das Wort „*Design*" erfährt heutzutage eine modisch-inflationäre Verwendung. „*Es ist zu einem Passepartout mit einem scheinbar beliebig erweiterbaren Bedeutungsvokabular geworden*" (Schneider 2005, S.195). Das Wort „*Design*" stammt vom lateinischen Wort „*designare*", was soviel bedeutet wie erläutern, beschreiben, markieren oder bezeichnen (Erlhoff und Marshall 2008). Im Laufe der Geschichte wandelte sich diese Bedeutung von einer Bezeichnung für viele menschliche Aktivitäten hin zu der heutigen Bestimmung professioneller Praxis und spezifischen Denkens (Erlhoff und Marshall 2008). Im Oxford Dictionary aus dem Jahre 1588 wird der Begriff „*Design*" das erste Mal verwendet und als ein von einem Menschen erdachter Plan oder ein Schema von etwas beschrieben, das realisiert werden soll, ferner als ein erster zeichnerischer Entwurf für ein Kunstwerk oder ein Objekt der angewandten Kunst, der für die Ausführung einer Werkes verbindlich sein soll (Bürdek 2005). Seit den sechziger Jahren des vergangenen Jahrhunderts wird die Diskussion über „*Design als Forschung*" mit wachsender Intensität vorangetrieben und bildet noch heute einen wesentlichen Faktor innerhalb der Entwicklung von Design (Erlhoff und Marshall 2008). Design wird zunehmend als interdisziplinärer und kooperativer Auftrag gesehen, als Tätigkeit, in der akademische, ökonomische, ökologische und wissenschaftliche Einsichten, Wissensbereiche und Ansichten produktiv mit den alltäglichen Prozessen und

Erfahrungen von Systemen und Prozessen integriert werden. Somit überspringt Design disziplinäre Grenzen und versucht unterschiedliche Aspekte und Perspektiven zu verstehen, verständlich zu machen und zu nutzen (Erlhoff und Marshall 2008). Im Laufe des 20. Jahrhunderts kommt es zu einer zunehmenden Spezialisierung des Designs, so dass heute beispielsweise die Rede ist von Event Design (z.B. Pegler 2008), Grafik Design (z.B. Eskilson 2007), Retail Design (z.B. Riewoldt 2002), Produktdesign (z.B. Bloch 1995; Veryzer und Hutchinson 1998) und Verpackungsdesign (z.B. Limon, Kahle und Orth 2009; Orth und Malkewitz 2008).

In vielen Fällen, vor allem bei den Kategorien der alltäglichen Produkte, ist es schwierig, eine Unterscheidung zwischen einem Produkt und einer Verpackung zu treffen, da die Verpackung in der Regel der einzige sichtbare Teil des Produktes ist, den der Konsument am Point-of-Sale wahrnehmen kann. Daher überschneiden sich die Begriffe Produktdesign und Verpackungsdesign häufig und werden oftmals genutzt, um auf den gleichen Sachverhalt hinzuweisen. Bloch's (1995, S.16) Definition von einem guten Design könnte beispielsweise sowohl die Eigenschaften eines Produktes, als auch einer Verpackung sehr gut beschreiben: „*A good design attracts consumers to a product, communicates to them, and adds value to the product by increasing the quality of the usage experiences associated with it*".

Underwood (2003) untersucht die Rolle der Verpackung als Teil der Markenidentität und Marketingkommunikation. Er führt an, dass die Verpackung die Markenpersönlichkeit via multipler visueller und struktureller Elemente kommuniziert. Nun stellt sich die Frage, ob die Verarbeitung dieser Designelemente eher holistisch oder atomistisch geprägt ist. Die Gestaltpsychologen (Koffka 1922; Wertheimer 1925b) gehen von einer holistischen Verarbeitung aus, wohingegen Durgee (1988) annimmt, dass sich Designreaktionen sukzessive als Ergebnis der Verarbeitung einzelner Designelemente ergeben. Bloch (1995) stellt fest, dass, je nach Situation, entweder die holistische oder die atomistische Wahrnehmung und Verarbeitung von Verpackungsdesign überwiegt. In Anlehnung an die Gestaltpsychologie und die bereits existierenden empirischen Studien zum holistischen Verpackungsdesign (Orth, Campana und Malkewitz 2010; Orth und Malkewitz 2008, 2009) wird im Rahmen dieser Arbeit das Verpackungsdesign definiert als "*the various elements chosen and blended into a holistic design to achieve a particular sensory effect*" (Orth und Malkewitz 2008, S.64).

2.3 Marke und Markeneindrücke

Von besonderem Interesse für diese Forschungsarbeit ist die Fähigkeit des Verpackungsdesigns, zum Aufbau einer starken Marke beizutragen, durch das Hervorrufen positiver Markeneindrücke beim Konsumenten und die damit verbundene Differenzierung von Angeboten (Berkowitz 1987; Bloch 1995; Henderson et al. 2003; Henderson, Giese und Cote 2004; Orth und Malkewitz 2008; Underwood 2003).
Das Wort „*Marke*“ ist an sich eine Metapher. Als eine Marketing-Metapher bedeutet das Wort „*Marke*“ „*a mark that both identifies and differentiates something*“ (Davies und Chun 2003, S.50). Laut Keller und Lehmann (2006, S.743) ist eine Marke jedoch „*more than a name (or „mark“)*“. Andere Markenelemente, wie beispielsweise Logos und Symbole (der Nike-Swoosh), Verpackungen (die Coca Cola Flasche) und Slogans (Müllermilch: „*Alles Müller, ...oder was*“, Warsteiner: „*Das einzig Wahre*“) spielen ebenfalls eine wichtige Rolle bei der Markenbildung (Keller und Lehmann 2006). Kotler (1991, S.442) definiert in diesem Sinne die Marke als “*a name, term, sign, symbol, or design, or a combination of them which is intended to identify the goods or services of one seller or group of sellers and to differentiate them from those of competitors*”. Die Marke hat demnach zwei wesentliche Aufgaben: die Identifikation und die Differenzierung. Die Differenzierung wird durch das Angebot eines Zusatznutzens geschaffen. Häufig wird dieser Zusatznutzen mit dem Begriff “*Brand Equity*” belegt (z.B. Ailawadi, Lehmann und Neslin 2003; Keller 1993; Rego, Billett und Morgan 2009), worunter laut Keller (1993, S.8) “*the differential effect of brand knowledge on consumer response to the marketing of the brand*” verstanden wird. Das Markenwissen im Kopf des Konsumenten ist somit ein wesentlicher Faktor für den Markenerfolg. Zu den wesentlichen Dimensionen des Markenwissens des Konsumenten zählen u.a. die Bekanntheit und die Eigenschaften der Marke, die Gedanken, Gefühle, Einstellungen, Bilder und Erfahrungen, verbunden mit der Marke sowie der von dem Konsumenten empfundene funktionale, symbolische oder erfahrungsbezogene Nutzen der Marke (Keller 2003). All’ diese unterschiedlichen Arten von Informationen können Teil des Gedächtnisses des Konsumenten sein und beeinflussen somit die Reaktion des Konsumenten auf die Marketingaktivitäten, d.h. die Wahrnehmung, die Präferenzen und das Verhalten des Konsumenten (Keller 1993, 2003).

Ausgehend von der subjektiv wahrgenommenen Markenwahrnehmung des Konsumenten unterscheiden Dillon et al. (2001) zwischen zwei Komponenten der Markenbeurteilung: den markenspezifischen Assoziationen und den generellen Markeneindrücken. Die markenspezifischen Assoziationen beziehen sich auf Eigenschaften, Attribute und Nutzen, die der Konsument mit der Marke verbindet und die die Marke von ihren Konkurrenten differenziert. Generelle Markeneindrücke hingegen beziehen sich auf allgemeine Eindrücke von der Marke, die auf einer eher holistischen Betrachtungsweise beruhen.

Konsumenten fällen häufig Urteile über Marken, basierend einzig und allein auf deren Verpackungen. Die Genauigkeit der durch das Verpackungsdesign hervorgerufenen Eindrücke beeinflusst die Beurteilung und die Wahl der Marke. Je nach Situation können diese Eindrücke variieren. Beispielsweise hinterlässt eine Weinflasche in einem Verkaufsladen möglicherweise unterschiedliche Eindrücke, je nachdem, ob sie lediglich von Weitem betrachtet wird, oder aber in der Hand gehalten wird. Zudem können zwischenmenschliche Unterschiede einen Einfluss darauf haben, welche Eindrücke durch die Verpackung hervorgerufen werden, vor allem die Marken- und Qualitätseindrücke betreffend (Orth und Malkewitz 2008, 2009).

3 Sensorische Reize als Marketingstimuli

Die Wahrnehmung der Umwelt, und damit auch die Wahrnehmung kommunikativer Maßnahmen durch den Menschen, erfolgt über alle Sinne (Gibson 1966; Newell 2004). Unsere Beurteilungen über einen Verkaufsladen, dessen Produkte und sogar dessen Angestellte werden gesteuert, zum Teil durch die Dinge, die wir sehen (das visuelle System), die Produkte, mit denen wir körperlich in Kontakt kommen (das taktile System), die Dinge, die wir hören (das auditive System), die Gerüche, denen wir begegnen (das olfaktorische System) und unseren Geschmackserlebnissen (das gustatorische System) (Peck und Childers 2007). Im Bereich der Konsumentenforschung gibt es bereits eine Vielzahl von Studien, die den Einfluss dieser fünf primären menschlichen Sinne (Sehen, Tasten, Hören, Riechen und Schmecken) auf verschiedene Marketingstimuli untersuchen. Im Folgenden werden bereits existierende Marketing- und Konsumentenverhaltenforschungen, die den Einfluss visueller, haptischer, akustischer, olfaktorischer oder gustatorischer Sinnesreize untersuchen, im Überblick vorgestellt. Im Anschluss daran werden Studien aufgezeigt, die sich mit bimodalen Sinnesreizen beschäftigen. Dabei gilt es in erster Linie aufzuzeigen, welche Marketingstimuli und welche abhängigen Variablen untersucht worden sind, um anschließend aufzeigen zu können, wo noch Forschungsbedarf existiert und welche Bedeutung und Funktionen das Verpackungsdesign als Marketingstimuli besitzt.

3.1 Visuelle Reize

Obwohl alle fünf Wahrnehmungssinne wichtige Systeme für die Verarbeitung von Informationen darstellen, wurde der Einfluss der Sehsinn bislang am häufigsten untersucht. Die folgende Tabelle gibt einen Überblick über einige bereits existierende Studien der Marketingforschung, die den Einfluss der visuellen Wahrnehmung auf verschiedene Aspekte des Konsumentenverhaltens untersuchen.

Tabelle 1: Überblick über Studien visueller Reize in der Marketingforschung (eigene Darstellung)

Studie	Stimuli	Abhängige Variable
Garber, Burke und Jones (2000)	Verpackungsfarbe	Kaufverhalten und Wahl des Konsumenten
Mandel and Johnson (2002)	Hintergrundfarbe und Bilder einer Webseite	Produktwahl
Gorn et al. (2004)	Hintergrundfarbe einer Webseite	Zeitwahrnehmung beim Downloaden
Childers, Houston Heckler (1985)	Bilder und Wörter in Printwerbeanzeigen	Informationsverarbeitung; Verarbeitungspräferenzen; Recall und Wiedererkennung von Werbeinformationen
Hirschman (1986)	Bilder und Wörter in Printwerbeanzeigen	Wahrnehmung von Ästhetik; Nützlichkeit und Bekanntheit der Werbeanzeige
Houston, Childers und Heckler (1987); Heckler und Childers (1992)	Bilder und Wörter in Printwerbeanzeigen	Recall und Wiedererkennung von Produktattributen
Lee und Mason (1999)	Bilder und Wörter in Printwerbeanzeigen	Einstellung gegenüber der Marke und Werbung; Kognitive Reaktionen (positive, negative und anderen Gedanken); Recall
Underwood und Klein (2002)	Produktbildern auf Verpackungen	Markenvorstellungen; Beurteilung der Marke und der Verpackung
Henderson und Cote (1998)	Logos	Eindrücke hervorgerufen durch Logos
Henderson et al. (2003)	Logos	Eindrücke hervorgerufen durch Logos
Childers und Jass (2002)	Schriftarten	Markenwahrnehmung; Einprägsamkeit
McCarthy und Mothersbaugh (2002)	Schriftarten	Überredung (Markenwahrnehmung; Markenimage; Einstellung gegenüber der Marke und der Werbeanzeige)
Henderson, Giese und Cote (2004)	Schriftarten	Eindrücke hervorgerufen durch Schriftarten
Wansink (1996)	Verpackungsgröße	Verbrauchsmenge
Raghubir und Krishna (1999)	Verpackungsform	Verzehrsmenge
Krider, Raghubir und Krishna (2001)	Verpackungsform und -größe	Beurteilungen (u.a. Produktwahl, Zahlungsbereitschaft)
Wansink und van Ittersum (2003)	Verpackungsform	Verzehrsmenge

Fortsetzung auf nächster Seite

Studie	Stimuli	Abhängige Variable
Folkes und Matta (2004)	Gebindeform von Verpackungen	Beurteilung der Produktmenge
Yang und Raghubir (2005)	Verpackungsform	Abnahme-/Kaufmenge
Raghubir und Greenleaf (2006)	Verhältnis der Seiten einer recheckigen Verpackung	Kaufabsicht; Präferenzen
Schoormans und Robben (1997)	Kaffeeverpackungen	Produktbeurteilung
Orth und Malkewitz (2008)	Weinverpackungen	Markeneindrücke hervorgerufen durch Verpackungsdesigns
Giese et al. (201X)	Design von Schriftarten und Verpackungen	Absicht für eine Wohlfahrtsgesellschaft zu spenden; Kaufabsicht
Veryzer und Hutchinson (1998)	Einheitlichkeit und Prototypikalität von Produkten	Wahrnehmung von Ästhetik
Creusen und Schoormans (2005)	Erscheinungsbild eines Produktes	Produktbeurteilung; Produktwahl
Bellizzi, Crowley und Hasty (1983)	Farben des Ladens	Annäherungsverhalten; körperliche Anziehung; Wahrnehmung der Umgebung und der Verkaufspolitik
Bellizzi und Hite (1992)	Farben des Ladens	Kaufpreise; Einkaufzeit; Kaufabsicht; Annäherungs- und Vermeindungsabsicht
Areni und Kim (1994)	Beleuchtung im Laden	Kaufverhalten (Anzahl der untersuchten, gehandhabten und gekauften Gegenstände, Verweildauer, Ausgaben)
Summers und Hobort (2001)	Beleuchtung im Laden	Annäherungs- und Vermeindungsverhalten (Verweildauer, Anzahl der angefassten Gegenstände, Anzahl der herausgegriffenen Gegenstände)
Orth, Heinrich und Malkewitz (201X)	Visuelles Design von Service- und Verkaufsraumumgebungen	Persönlichkeitseindrücke hervorgerufen durch Service- und Verkaufsraumumgebungen

Die in der Tabelle 1 aufgezeigten Studien weisen darauf hin, dass die visuellen Aspekte von Webseiten (Gorn et al. 2004; Mandel und Johnson 2002), Werbeanzeigen (z.B. Childers, Houston und Heckler 1985; Hirschman 1986; Lee und Mason 1999), Logos und Schriftarten (z.B. Childers und Jass 2002; Henderson und Cote 1998; Henderson et al. 2003), Verpackungen (z.B. Garber, Burke und Jones 2000; Orth und Malkewitz 2008; Raghubir und Greenleaf 2006), Produkten (z.B. Creusen und Schoormans 2005) oder Verkaufsumgebungen (z.B. Areni und Kim 1994; Bellizzi und Hite 1992; Orth, Heinrich und Malkewitz 201X; Summers und Hebert 2001) einen Einfluss auf eine Vielzahl von Facetten z.B. des Konsumentenverhaltens ausüben.

Die Farbe erweist sich als eines der wichtigsten Designelemente. Sie hilft den Konsumenten dabei, Produkte zu kategorisieren und Marken wiederzuerkennen (Garber, Burke und Jones 2000). Farben erregen zudem Aufmerksamkeit, rufen ästhetische Reaktionen hervor, vermitteln bestimmte Bedeutungen des Produktes und/oder des Verkaufsladens und wirken sich somit auf das Annäherungs- und Vermeidungsverhalten des Konsumenten aus (Bellizzi, Crowley und Hasty 1983; Bellizzi und Hite 1992).

Neben dem Einsatz von Farben wird auch dem Einsatz von Bildern und Wörtern viel Aufmerksamkeit geschenkt (Childers, Houston und Heckler 1985; Heckler und Childers 1992; Hirschman 1986; Houston, Childers und Heckler 1987; Lee und Mason 1999). Dies ist darauf zurückzuführen, dass nahezu alle Formen der Marketingkommunikationen (z.B. Verpackungen und Werbeanzeigen) auf eine Kombination von verbalen und nonverbalen Elementen setzen, um die Aufmerksamkeit der Konsumenten zu gewinnen und eine gewünschte Botschaft zu kommunizieren (Houston, Childers und Heckler 1987). Sowohl Heckler und Childers (1992), als auch Lee und Mason (1999) untersuchen beispielsweise wie Bilder, die inkongruent sind, mit der zentralen Werbebotschaft die Erinnerungen des Konsumenten beeinflussen. Die Ergebnisse deuten darauf hin, dass unerwartete Bilder besonders einprägsam sind und irrelevante Bilder die Erinnerung blockieren. Unerwartete Interaktionen zwischen Bildern und Wörtern wirken sich somit positiv auf das Erinnerungsvermögen des Konsumenten aus.

Neben Farben und Bildern bilden Logos (Henderson und Cote 1998; Henderson et al. 2003) und Schriftarten (Childers und Jass 2002; Henderson, Giese und Cote 2004; McCarthy und Mothersbaugh 2002) weitere wichtige visuelle Designelemente, die dazu dienen, bestimmte Kommunikationsziele der Unternehmen zu erreichen. Henderson und Cote (1998) führen zum Beispiel eine umfassende empirische Analyse bei 195 Logos durch, um die Fähigkeit verschiedener Designeigenschaften zu bestimmen folgende Kommunikationsziele zu erreichen: hohe Wiedererkennung, geringes Investment und hohes Image. Den Ergebnissen zu Folge sollten Logos mit einer hohen Wiedererkennung sehr natürlich, harmonisch und moderat aufwändig gestaltet sein, wohingegen Logos mit einem hohen Investment weniger natürlich und sehr harmonisch sein sollten. Für Logos mit einem hohen Image gilt, dass sie moderat aufwändig und natürlich gestaltet sein sollten. In einer späteren Studie untersuchen Henderson, Giese und Cote (2004) das Design von Schriftarten, um empirisch-basierte Richtlinien zu entwickeln, die Managern bei der Selektion von Schriftarten behilflich sein sollen. Die Forscher kommen zu dem Ergebnis, dass jede Schriftart eine eigene spezifische Botschaft vermittelt. Daher ist es wichtig, dass diese Botschaft bzw. der Eindruck, den eine Schriftart hervorruft, sorgfältig ausgewählt wird. Wenn Manager sich beispielsweise dazu entscheiden, ein natürliches Design zu nutzen, um ein angenehmes, dezentes Image zu kommunizieren, sollte eine Schriftart gewählt werden, die möglichst viele Aspekte der Natürlichkeit hervorhebt, wie z.B. handgeschrieben, geschwungen oder schräg (Henderson, Giese und Cote 2004).

Ein weiterer wichtiger Marketingstimuli, sowohl aus Sicht von Designern und Managern, als auch in der Marketingforschung, ist die Verpackungsgröße (Wansink 1996). Ein erschwerender Faktor bei der Suche nach der optimalen Größe eine Verpackung ist, dass die Gebrauchsaspekte praktische Grenzen setzen, dahingehend wie groß oder klein einer Verpackung tatsächlich sein darf. Beispielsweise kann eine große Tetra Box oder Flasche, die zwar attraktiv im Regal aussieht, an Reiz verlieren, wenn sie nicht ins Auto oder in die Speisekammer passt, nur mit Schwierigkeiten eingießt oder der Inhalt verdirbt, bevor er aufgebraucht ist. Ungekehrt kann eine winzige Box an Charme verlieren, wenn ihr Inhalt nicht den Ansprüchen von Qualität und Raffinesse gerecht wird, die die preziöse Größe suggeriert oder aber der Inhalt von einem Augenblick zum anderen bereits aufgebraucht ist (Raghubir und Krishna 1999; Wansink und Ray 1996; Wansink und van Ittersum 2003). Um eine bestimmte Größenerscheinung hervorzurufen, wird in erster Linie ein spezielles visuelles Element, nämlich die Verpackungsform, manipuliert. Folgende Aspekte der Verpackungsform wurden bereits untersucht: die Höhe [laut Raghubir und Krishna (1999) und Wansink (1994) erscheinen z.B. höhere Verpackungen größer als kürzere Verpackungen], die Elongation [laut Krider, Raghurir und Krishna (2001) wird ein Rechteck größer wahrgenommen als ein Quadrat] und die Komplexität [laut Folkes und Matta (2004) erscheinen drei-dimensionale Formen höherer geometrischer Komplexität größer, als einfachere geometrische Formen].

Neben den Forschungen, die einzelne visuelle Designelemente analysieren, existieren auch eine Reihe von Studien, die untersuchen, inwieweit das ganzheitliche Erscheinungsbild von Produkten oder Verpackungen die Beurteilung und die Wahl des Konsumenten gegenüber eines Produktes oder einer Marke beeinflussen (Creusen und Schoormans 2005; Orth und Malkewitz 2008; Schoormans und Robben 1997). Orth und Malkewitz (2008) untersuchen beispielsweise Verpackungsdesigns der Produktkategorie Wein und ermitteln, dass die Selektion von Verpackungsdesigns vereinfacht werden kann durch die Nutzung folgender fünf holistischer Designtypen: *Natürliche, Kontrastreiche, Robuste, Zarte* und *Unauffällige* Designs. Diese fünf generischen holistischen Verpackungsdesigns sind systematisch mit bestimmten Markeneindrücken verbunden. Aufrichtige Marken sollten *Natürliche* Verpackungsdesign besitzen, spannende Marken *Kontrastreiche* Design, kompetente Marken *Zarte* Designs, niveauvolle Marken *Natürliche* oder *Zarte* Designs und robuste Marken *Kontrastreiche* Design oder *Robuste* Designs.

Ein weiterer Forschungsstrom beschäftigt sich mit den visuellen Reizen von Verkaufsumgebungen (z.B. Bellizzi und Hite 1992; Orth, Heinrich und Malkewitz 2009; Summers und Hebert 2001), denn Einzelhändler müssen heutzutage kontinuierlich bemüht sein, dem erhöhten Wettbewerb sowie den wechselnden Präferenzen der Konsumenten nachzukommen (Summers und Hebert 2001). Eines der Hauptziele von Einzelhandelsmanagen ist es, die aktuellen Kunden zu halten, denn loyale Kunden sind ein entscheidender Faktor bei der Gewinnung von Marktanteilen und bei der Entwicklung eines nachhaltigen Wettbewerbvorteils (Babin und Attaway 2000). Chebat, Hedhli und Sirgy (2009) können in einer Studie belegen, dass die Loyalität gegenüber einem Laden signifikant durch die Bindung des Konsumenten an den Laden beeinflusst wird. Diese Ladenbindung wiederum wird signifikant durch die positive Wahrnehmung der Eigenschaften des Ladens durch den Konsumenten und die Selbst-Kongruenz des Konsumenten beeinflusst. Mit anderen Worten präferieren Konsumenten Einkaufsumgebungen, die Ihrem Selbst-Konzept entsprechen (Sirgy, Grewal und Mangleburg 2000). Aufbauend auf diesen Erkenntnissen untersuchen Orth, Heinrich und Malkewitz (201X) systematisch die Beziehungen zwischen verschiedenen Innenraumdesigns und den Eindrücken der Konsumenten bezüglich der Persönlichkeit dieser Umgebungen. Basierend auf den Ähnlichkeiten (bzw. Unähnlichkeiten) zwischen

82 visuellen Innenraumdesignelementen (z.B. Deckentiefe, Anzahl der Möbel, Größe der Fenster, Symmetrie der Raumaufteilung, Natürlichkeit des Lichtes) werden fünf holistische Innenraumdesigns identifiziert: *Minimal-Shell, Moderate-Shell, Complex-Shell, Low-Content* und *High-Content.* Diese sind systematisch mit spezifischen Persönlichkeitseindrücken verbunden. *Minimal-Shell* Designs werden sehr unangenehm wahrgenommen, *Moderate-Shell* Designs weder erfahren noch echt oder solide, *Complex-Shell* Innenräume sehr enthusiastisch, echt und solide, *Low-Content* Designs überdurchschnittlich enthusiastisch und erfahren und *High-Content* Designs sehr unangenehm und nicht enthusiastisch.

Zusammenfassend kann festgehalten werden, dass sich bereits viele wissenschaftliche Studien der Marketingforschung sowohl mit der Wirkung einzelner visueller Reize, als auch mit dem Zusammenspiel verschiedener visueller Reize beschäftigt haben. Ebenso vielfältig, wie die untersuchten Marketingstimuli, sind auch die untersuchten abhängigen Variablen (vgl. Tabelle 1).

3.2 Haptische Reize

Der Tastsinn ist der in der Marketingforschung bislang am wenigsten untersuchte Wahrnehmungssinn des Menschen. Die Zunahme des Online- und Katalog-Shoppings und die damit verbundene Unmöglichkeit des Konsumenten, das Produkt während des Kaufentscheidungsprozesses physikalisch zu inspizieren, hat dazu beigetragen, dass dem Tastsinn zunehmend mehr Aufmerksamkeit zuteil wird (Citrin et al. 2003; Peck und Childers 2007). Die Händler sind daran interessiert zu erfahren, bei welchen Produktkategorien die Haptik einen entscheidenden Kaufentscheidungsfaktor darstellt und bei welchen nicht, um dann Schlüsse daraus zu ziehen, welche Produkte sich dazu eignen, Online verkauft zu werden und welche besser im Laden verkauft werden sollten. Zudem gilt es herauszufinden, wie und ob die Möglichkeit besteht, die Berührungsunmöglichkeit der Konsumenten zu kompensieren, z.B. durch haptische Produktbeschreibungen (McCabe und Nowlis 2003b; Peck und Childers 2003b).
Die Forschungen im Bereich der Haptik haben gezeigt, dass der taktile Input bzw. die Möglichkeit Produkte anzufassen eine wichtige Rolle bei der Produktbeurteilung

(Grohmann, Spangenberg und Sprott 2007; Holbrook 1983; Peck und Childers 2003b) und der Kaufentscheidung (McCabe und Nowlis 2003b) spielt (siehe Tabelle 2).

Tabelle 2: Überblick über Studien haptischer Reize in der Marketingforschung (eigene Darstellung)

Studie	Stimuli	Abhängige Variable
Holbrook (1983)	T-Shirts	Produktbeurteilung
Meyer (2001)	Gegenstände	Emotionsqualitäten
Citrin et al. (2003)	Internet-Kaufverhalten (Kleidung, Bücher, Disketten, Elektronik)	Nutzung des Internets für den Produktkauf in Abhängigkeit von der Erfordernis des taktilen Inputs zur Produktbeurteilung
McCabe und Nowlis (2003b)	Stoffliche Produkte (z.B. Handtuch, T-Shirts) Geometrische Produkte (z.B. Videobänder, Suppendosen)	Präferenz; Kaufwahrscheinlichkeit
Peck und Childers (2003a)	Pullover, Tennis-Schläger	chronische Zugänglichkeit haptischer Informationen; Vertrauen in die Beurteilung
Peck und Childers (2003b)	Mobiltelefon, Pullover	Vertrauen; Frustration; Produkteinschätzung nach der Aufnahme der Produkte (Gewicht; Weichheit; Qualität)
Argo, Dahl und Morales (2006)	T-Shirts	Kaufabsicht; Produktbeurteilung; negative Emotionen; Gefühle von Ekel/Abscheu; Zahlungsbereitschaft
Grohmann, Spangenberg und Sprott (2007)	Kugelschreiber, Vlies-Stirnband, Blitzlicht-Schlüsselanhänger, Kopfkissenbezug, Waschlappen	Produktbeurteilung
Peck und Shu (2009)	Metall-Treppenspirale (Slinky), Tasse, Stift, aus Spielschaum geformte Perlen	wahrgenommener Eigentum eines Objektes
Hornik (1992)	zufällige zwischenmenschliche Berührung zwischen Konsument und Experimentator, Kellner oder Vorführer	Konsumentenverhalten (Einkaufszeit; Einkaufsmenge; Beurteilung der Einkaufsstätte bzw. des Restaurants; Beurteilung des Kellners; Teilnahme an Verkostungen)
Peck und Wiggins (2006)	Broschüre mit integriertem schwarzen Vlies-Stoff, Sandpapier oder Dinosaurier-Fellfleck	affektive Reaktion (Freunde, Sympathie, Überredung, Interesse); Überredung (Einstellung gegenüber der Broschüre und gegenüber der Organisation; Wahrscheinlichkeit Zeit aufzuwenden, Geld zu spenden oder Mitglied im Museum zu werden)
Peck und Childers (2006)	Pfirsiche und Nektarinen	impulsives Kaufverhalten

Die Konsumenten bevorzugen es, bestimmte Produkte bei Einzelhändlern zu erwerben, die ihnen die Möglichkeit bieten, das Produkt anzufassen. Dies gilt besonders für Produkte, bei denen der taktile Input zur Produktbeurteilung sehr wichtig ist (z.B. Kleidung) (McCabe und Nowlis 2003b). Verschiedene Marketingforschungen haben belegt, dass sich Produkte dahingehend unterscheiden, ob die Konsumenten sie vor dem Kauf anfassen wollen oder nicht. Einige Produktkategorien (z.B. Pullover, T-Shirts und Handtücher) animieren stärker zum Anfassen als andere (z.B. Bücher und CDs) (Grohmann, Spangenberg und Sprott 2007; McCabe und Nowlis 2003b; Peck und Childers 2003b). Wenn innerhalb einer Produktkategorie eine starke Variation innerhalb einer oder mehrerer materieller Eigenschaften (z.B. Substanz-Eigenschaften, wie Weichheit und Textur) vorliegt, tendieren die Konsumenten stärker dazu, die Produkte vor dem Kauf anzufassen, um bestimmter Eigenschaften zu überprüfen (Peck und Shu 2009). Argo, Dahl und Morales (2006) zeigen jedoch auf der anderen Seite, dass die Konsumenten negativ darauf reagieren, wenn sie glauben, dass die Produkte bereits von anderen Personen angefasst wurden, was wiederum ein Gefühl von Ekel hervorruft und sich negativ auf die Kaufabsicht auswirkt.

Neben diesen produktbezogenen Untersuchungen gibt es im Bereich der Haptik auch Studien, die sich nicht direkt mit der Produktberührung beschäftigen. Hornik (1992) untersucht beispielsweise, welchen Einfluss zwischenmenschliche Berührungen auf die Einstellung und das Verhalten der Konsumenten ausüben. Er belegt, dass eine unerwartete Berührung eines Angestellten das positive Gefühl gegenüber einem externen Reiz (z.B. Kellner) und der Berührungsquelle (z.B. Restaurant) verstärkt und zu einer positiveren Beurteilung dieser beiträgt. Peck und Wiggins (2006) untersuchen ebenfalls die Berührung an sich, ohne Bezug auf ein Produkt, sondern im Kontext einer überredenden Werbung. Sie variieren die Wertigkeit (negativ, neutral und positiv) eines Berührungselements (Sandpapier vs. schwarzer Vliesstoff vs. Dinosaurierfellfleck), integriert in einer Broschüre, ebenso, wie die Passung bzw. Ähnlichkeit zwischen dem Berührungselement und der Werbung. Es stellt sich heraus, dass bei Personen, die das Bedürfnis haben, Dinge aus Interesse oder aus Freude anzufassen, eine Integration von haptischen Elementen in die Kommunikationsbotschaft, sowohl eine Verstärkung der affektiven Reaktion, als auch eine Überredungssteigerung bewirkt. Diese Verstärkung tritt besonders dann auf, wenn die Berührung positives oder neutra-

les sensorisches Feedback liefert. In einer Studie von Peck und Childers (2006) werden die haptischen Umgebungsreize in einem Lebensmittelgeschäft manipuliert (Hinweis „*Fühl die Frische*!“ vs. kein Hinweis) und untersucht, inwieweit diese das impulsive Kaufverhalten des Konsumenten beeinflussen. Die Forscher kommen zu dem Ergebnis, dass sowohl individuelle, als auch umgebungsbedingte haptische Faktoren den Impulskauf steigern.
Ein weiterer wichtiger Forschungszweig im Bereich der Haptik beschäftigt sich mit den individuellen Unterschieden beim Bedürfnis, Dinge anzufassen, bzw. den Präferenzen für produktbezogene haptische Informationen (Citrin et al. 2003; Grohmann, Spangenberg und Sprott 2007; Peck und Childers 2003a, b). Auf diese individuellen Unterschiede wird in Unterabschnitt 4.5.2 noch näher eingegangen.

Zusammenfassend betrachtet, konzentriert sich die Forschung im Bereich der haptischen Reize in erster Linie auf die beiden Zustände Berührung vs. keine Berührung und untersucht, inwieweit Produktbeurteilungen und Kaufentscheidungen verschiedener Marketingstimuli durch die Möglichkeit oder Unmöglichkeit der haptischen Wahrnehmung beeinflusst werden (z.B. Argo, Dahl und Morales 2006; Grohmann, Spangenberg und Sprott 2007; Holbrook 1983; McCabe und Nowlis 2003b; Peck und Childers 2003b). Mit Ausnahme von Meyer (2001), die die verhaltensrelevanten haptischen Reize verschiedener Gegenstände untersucht, um herauszufinden, welche spezifischen Emotionsqualitäten mit typischen haptischen Reizen gekoppelt sind, existieren bislang keine Untersuchungen, die systematisch die haptischen Reize ganzer Verpackungen erfassen und miteinander verbinden, um aufzuspüren durch welche generalisierbaren Designfaktoren sich prototypische holistische Verpackungsdesigns voneinander unterscheiden. Zudem ist festzuhalten, dass verglichen mit den visuellen Reizen, im Bereich der haptischen Reize bislang keine Studien vorliegen, die systematisch untersuchen, inwiefern spezifische haptische Designelemente zur Kommunikation bestimmter Markeneindrücke beitragen können. Genau hier setzt die vorliegende Arbeit an. Sie knüpft an die Designforschungen von Orth und Malkewitz (2008) an und untersucht die Gesamtheit der visuellen *und* haptischen Designelemente sowie die durch diese hervorgerufenen modalitätsspezifischen Markeneindrücke.

Obgleich der Fokus dieser Arbeit auf der Untersuchung der visuellen und haptischen Reize liegt, werden im Folgenden auch die bereits existierenden Studien der akustischen, olfaktorischen und gustatorischen Reize übersichtsartig zusammengestellt, um zu einem späteren Zeitpunkt ableiten zu können, wo noch zukünftiger Forschungsbedarf besteht.

3.3 Akustische Reize

„*Music touches the lives of consumers in many contexts*" (Kellaris und Kent 1994, S.381). Musik spielt häufig im Hintergrund von Supermärkten, Büros, Banken, aber auch in Filmen, TV-Werbung und Radiospots. Daher ist es nicht verwunderlich, dass der Einfluss der Musik bereits in vielen Studien der Marketing- und Konsumentenverhaltensforschung untersucht wird (siehe Tabelle 3).

Tabelle 3: Überblick über Studien akustischer Reize in der Marketingforschung (eigene Darstellung)

Studie	Stimuli	Abhängige Variable
Bruner (1990)	Musik	Stimmung
Holbrook und Huber (1979)	aufgezeichnete Vorführungen von Jazz-Saxophonisten	Konsumentenästhetik
Blair und Shimp (1992)	musikalische Kompositionen	Einstellung gegenüber der Marke
Kellaris und Kent (1994)	Klassische Musik und Popmusik	Gefallen; Aktivierung; Überraschung
Gorn (1982)	Musik in Kombination mit einem Produkt	Musikpräferenzen
Alpert und Alpert (1989; 1990; 1991)	Grußkarten hinterlegt mit Musik	Stimmung; Kaufabsicht
Alpert, Alpert und Maltz (2005)	Grußkarten hinterlegt mit Musik	Stimmung; Emotionen; Kaufabsicht
Antonides, Verhoef und Van Aalst (2002)	Musik als Wartezeitfüller beim Telefonieren	Wahrnehmung und Beurteilung der Wartezeit am Telefon
Park und Young (1986)	Fernsehspot mit Musik hinterlegt	Einstellung gegenüber der Marke und der Werbung

Fortsetzung auf nächster Seite

Studie	Stimuli	Abhängige Variable
Sewall und Sarel (1986)	Radiospots mit Musik hinterlegt	Markenrecall
Goldberg und Gorn (1987)	Musik im TV	Stimmung; Kaufabsicht
MacInnis und Park (1991)	Fernsehspot hinterlegt mit Musik	Informationsverarbeitung
Gorn, Goldberg und Basu (1993)	Werbespot hinterlegt mit Musik	Stimmung; Produktbeurteilung
Kellaris, Cox und Cox (1993)	Radiowerbung hinterlegt mit Musik	Recall und Wiedererkennung von Markennamen und Werbeinformation
Brooker und Wheatley (1994)	Radiowerbung hinterlegt mit Musik	Gefühle; Einstellung; Recall; Kaufwahrscheinlichkeit
Olsen (1997)	Werbung hinterlegt mit Hintergrundmusik	Recall von Informationen
Stewart und Punj (1998)	Musik in TV-Werbung	Recall und Wiedergabe von Informationen
Zhu und Meyer-Levy (2005)	Radiospots hinterlegt mit Musik	Produktwahrnehmungen (Zuverlässigkeit der Reiseagentur und des Services; Wahrnehmung des Zielproduktes, der Werbung, der Anzeigeansprüche und der Musik; Wahrnehmung der Atmosphäre und der Innenausstattung im Buchladen)
Milliman (1982)	Hintergrundmusik im Supermarkt	Geschwindigkeit des Verkehrsstroms, Verkaufsmenge; Musikwahrnehmung
Milliman (1986)	Hintergrundmusik im Restaurant	Verweilzeit im Restaurant und Bestellmenge; Deckungsbeitrag
Yalch und Spangenberg (1990)	Ladenmusik	Stimmung; Zeitwahrnehmung; Kaufverhalten (Impulskäufe)
Baker, Levy und Grewal (1992)	Ladenmusik	Ladenatmosphäre; Kaufbereitschaft
Yalch und Spangenberg (1993)	unterschiedliche Musik in unterschiedlichen Abteilungen einer Bekleidungsfiliale	Stimmung; Wahrnehmung der Ware und der Filiale; Einkaufszeit; ausgegebene Geldmenge
Hui, Dubé und Chebat (1997)	musikalische Untermalung in einer video-simulierten Bank	wahrgenommene Wartezeit; emotionale Reaktion auf das Warten; emotionale Beurteilung des der Serviceumgebung; Annäherungsverhalten gegenüber der Service Organisation (Bank)

Fortsetzung auf nächster Seite

Studie	Stimuli	Abhängige Variable
North und Hargreaves (1998) North, Hargreaves und McKendick (1999)	Hintergrundmusik in einer Cafeteria bzw. im Laden	Atmosphäre; Kaufabsicht
Yalch und Spangenberg (2000)	Hintergrundmusik im Laden	Einkaufszeit
Dubé und Morin (2001)	Hintergrundmusik im Laden	Ladenbeurteilung; Einstellung gegenüber der Servicelandschaft und dem Verkaufspersonal
Chebat, Chebat und Vaillant (2001)	Hintergrundmusik im Laden	Einstellung gegenüber des Ladens, des Verkäufers und des Ladenbesuches
Cameron et al. (2003)	Raum hinterlegt mit Musik	Stimmung; Beurteilung der Wartezeit; Beurteilung des Gesamterlebnisses
Morin, Dubé und Chebat (2007)	Hintergrundmusik in Servicelandschaften	Servicebeurteilung; Kaufabsicht

Wie in Tabelle 3 ersichtlich, wird Musik bzw. der Einsatz akustischer Reize in der Marketingforschung zumeist in Form von Hintergrundmusik in der Werbung (z.B. Brooker und Wheatley 1994; Park und Young 1986) oder im Verkaufsladen (z.B. Baker, Levy und Grewal 1992; Yalch und Spangenberg 1993, 2000) untersucht. Die Forscher untersuchen hierbei den Einfluss von Musik auf die folgenden Response-Variablen: Stimmung (Alpert und Alpert 1989, 1990, 1991; Alpert, Alpert und Maltz 2005; Bruner 1990; Cameron et al. 2003; Goldberg und Gorn 1987; Gorn, Goldberg und Basu 1993; Yalch und Spangenberg 1990, 1993), Präferenzen (Gorn 1982), Ästhetik/Gefallen (Holbrook und Huber 1979; Kellaris und Kent 1994), Einstellungen (Blair und Shimp 1992; Brooker und Wheatley 1994; Chebat, Chebat und Vaillant 2001; Dubé und Morin 2001; Park und Young 1986), Informationsverarbeitung (Brooker und Wheatley 1994; Kellaris, Cox und Cox 1993; MacInnis und Park 1991; Olsen 1997; Sewall und Sarel 1986; Stewart und Punj 1998), (wahrgenommene) Einkaufszeit/Wartezeit (Antonides, Verhoef und Van Aalst 2002; Cameron et al. 2003; Hui, Dubé und Chebat 1997; Milliman 1986; Yalch und Spangenberg 1990, 1993, 2000), Wahrnehmung/Beurteilung von Produkte/Waren/Läden/Service (Cameron et al. 2003; Dubé und Morin 2001; Gorn, Goldberg und Basu 1993; Morin, Dubé und Chebat 2007; Yalch und Spangenberg 1993; Zhu und Meyers-Levy 2005), wahrgenommene Atmosphäre (Baker, Levy und Grewal 1992; North und Hargreaves 1998;

North, Hargreaves und McKendick 1999; Zhu und Meyers-Levy 2005), Emotionen (Alpert, Alpert und Maltz 2005; Hui, Dubé und Chebat 1997) Kaufabsicht bzw. Kaufwahrscheinlichkeit (Alpert und Alpert 1989, 1990, 1991; Alpert, Alpert und Maltz 2005; Baker, Levy und Grewal 1992; Brooker und Wheatley 1994; Goldberg und Gorn 1987; Morin, Dubé und Chebat 2007; North und Hargreaves 1998; North, Hargreaves und McKendick 1999; Yalch und Spangenberg 1990) und Bestellmenge/ausgegebene Geldmenge/Verkaufsmenge (Milliman 1982, 1986; Yalch und Spangenberg 1993). Insgesamt zeigen die Forschungen, dass Musik als Marketingstimuli ein sehr wirkungsvolles Mittel ist, um das Verhalten der Konsumenten zu beeinflussen.

Während bereits mehrere Studien vorliegen, die die Wirkungen von Musik untersuchen, gibt es in der Marketingforschung im Bereich der Produktgeräusche bzw. Produktsounds bislang keine Untersuchungen, obgleich in der Marketingpraxis diesem Bereich der akustischen Markenführung zur Differenzierung, besseren Wiedererkennung und besseren Erlebbarkeit der Marke immer größere Aufmerksamkeit zuteil wird. Richtig gestaltet, ermöglicht das Sound Design einer Marke, akustische Unverwechselbarkeit zu schaffen. In den Sound-Laboren von Kellogg's wird beispielsweise die Konsistenz der Cornflakes so lange getestet, bis die „*Crunchiness*" der Maisflocke optimal ist. Dies ist wiederum ein wichtiger Faktor für den Erfolg des Frühstückproduktes (Lindstrom 2005a, b).

3.4 Olfaktorische Reize

Mehrere Studien in der Marketingforschung beschäftigen sich bereits mit dem Geruchssinn bzw. mit olfaktorischen Reizen. Während einige frühere Studien den Geruch bestimmter Produkte untersuchen (Schmitt und Shultz 1995; Schneider 1977), konzentrieren sich die neueren Studien in erster Linie auf die Wirkung von Umgebungsdüften (z.B. Bosmans 2006; Chebat und Michon 2003; Michon, Chebat und Turley 2005; Morrin und Ratneshwar 2000, 2003) (siehe Tabelle 4).

Tabelle 4: Überblick über Studien olfaktorischer Reize in der Marketingforschung (eigene Darstellung)

Studie	Stimuli	Abhängige Variable
Schneider (1977)	Verpackungsdüfte (Orange und Listerine)	Anziehungskraft der Verpackung
Schmitt und Shultz (1995)	Verpackungsdüfte (Parfüms)	Präferenzen gegenüber Parfüms
Gulas und Bloch (1995)	Umgebungsdüfte	Annäherungs- und Vermeindungsreaktionen
Hirsch (1995)	Umgebungsdüfte in einem Casino	Nutzung von Spielautomaten
Mitchell, Kahn und Knasko (1995)	Umgebungsdüfte in Kombination mit kongruenten oder inkongruenten Produktgruppen	Erinnerung; Informationssuche; Produktwahl
Spangenberg, Crowley und Henderson (1996)	Umgebungsdüfte	Beurteilung des Ladens, seiner Umgebung und seiner Verkaufspolitik; Beurteilung spezifischer Produkte; Annäherungs- und Vermeindungsverhalten (Einkaufszeit- und Einkaufsmenge; Wiederbesuchsabsicht)
Fiore, Yah und Yoh (2000)	Umgebungsdüfte in Kombination mit kongruenten oder inkongruenten Produktgruppen	Annäherungsreaktionen gegenüber einem Produkt (Einstellung; Kaufabsicht; geschätzter Preis; Zahlungsbereitschaft) und angenehme Erfahrungen (sensorisches, affektives und kognitives Vergnügen)
Morrin und Ratneshwar (2000)	Umgebungsdüfte	Markenbeurteilung; -aufmerksamkeit und -erinnerungsvermögen (Recall und Wiedererkennung)
Morrin und Ratneshwar (2003)	Umgebungsdüfte	Markenerinnerungsvermögen (Recall und Wiedererkennung)
Chebat und Michon (2003)	Umgebungsdüfte	Emotionen; Kognitionen; Ausgaben
Michon, Chebat und Turley (2005)	Umgebungsdüfte	Wahrnehmung der Atmosphäre im Einkaufzentrum und der Produktqualität
Spangenberg et al. (2006)	Umgebungsdüfte	Beurteilung des Ladens und seiner Verkaufspolitik; Annäherungs- und Vermeindungsverhalten (Einkaufszeit- und Einkaufsmenge; Wiederbesuchsabsicht)
Bosmans (2006)	Umgebungsdüfte	Produktbeurteilungen von Säften, Früchten und Gemüse

Folgende Dimensionen des Duftes werden laut Peck und Childers (2007) als wissenschaftlich wichtig erachtet und häufig im Rahmen von Studien als Einflusskriterien verwendet: die Intensität, die Qualität, die Fähigkeit physiologische Reaktionen hervorzurufen und die Kongruenz (oder Inkongruenz) mit dem untersuchten Objekt. Wie in Tabelle 4 ersichtlich, beschäftigen sich die Geruchsstudien in erster Linie mit dem Einfluss von Umgebungsdüften auf die affektiven und kognitiven Reaktionen der Konsumenten (Chebat und Michon 2003; Fiore, Yah und Yoh 2000), das Markenerinnerungsvermögen (Morrin und Ratneshwar 2000, 2003), die Beurteilung bzw. Wahrnehmung von Produkten/Marken/Läden (Bosmans 2006; Michon, Chebat und Turley 2005; Morrin und Ratneshwar 2000; Spangenberg, Crowley und Henderson 1996; Spangenberg et al. 2006) und die Annäherungs- und Vermeindungsreaktionen der Konsumenten (Fiore, Yah und Yoh 2000; Gulas und Bloch 1995; Schneider 1977; Spangenberg, Crowley und Henderson 1996; Spangenberg et al. 2006).

3.5 Gustatorische Reize

Richardson, Dick und Jain (1994) messen Produkteigenschaften aufgrund ihres Wesens „*intrinsischen*“ oder „*extrinsischen*“ Charakter zu. Der Geschmack eines Produktes stellt ein intrinsisches Produktmerkmal dar, während Merkmale, die nicht Teil des Produktes selbst sind, wie Preis, Verpackung oder Markenname zu den extrinsischen Produktmerkmalen zählen. Der Geschmack unterliegt der subjektiven Wahrnehmung und Bewertung des Konsumenten. Forschungen über den Geschmackssinn bzw. den gustatorischen Reizen untersuchen in erster Linie die Effekte des Einsatzes von Lebensmittelproben (siehe Tabelle 5).

Tabelle 5: Überblick über Studien gustatorischer Reize in der Marketingforschung (eigene Darstellung)

Studie	Stimuli	Abhängige Variable
Allison und Uhl (1964)	Biermarken	Geschmackswahrnehmung
Roberts und Taylor (1975)	Kaffee	Geschmackswahrnehmung
Steinberg und Yalch (1978)	Donuts beim Backshop	zusätzliche Käufe

Fortsetzung auf nächster Seite

Studie	Stimuli	Abhängige Variable
Scott und Yalch (1980)	Erste Produktprobe (Soft drink)	Konsumentenverhalten
Bellizzi und Martin (1982)	Nationale und generische Marke von Traubengelee	Geschmackswahrnehmung
Johnson, Sommer und Matino (1985)	Unverpackte Lebensmittel (Snacks, getrocknete Früchte, Nüsse)	Konsumentenverhalten (Anfassen, Verkosten, Spielen oder Verschütten der Lebensmittel, Lebensmittelkauf)
Levin und Gaeth (1988)	Rinderhack	Produktbeurteilungen (Fettgehalt, Qualität, Geschmack, Schmiere)
LeClerc, Schmitt und Dubé (1994)	Joghurt	Produktwahrnehmungen (Genuss) und Einstellungen (gegenüber der Marke und dem Markennamen)
Compeau, Grewal und Monroe (1998)	Speiseeis	affektive und kognitive Reaktionen, Qualitätswahrnehmung
Braun (1999)	Orangensaft	Erinnerungsvermögen (Recall und Wiedererkennung)
Sprott und Shimp (2004)	Fruchtsaft (Eigenmarke und nationale Marke)	Qualitätsbeurteilung
Shiv und Nowlis (2004); Nowlis und Shiv (2005)	Schokolade und Speiseeis	Produktwahl

Im Fokus der Untersuchungen der gustatorischen Reize stehen unter anderen der Einfluss der Bereitstellung von Geschmacksproben auf die Wahrnehmung oder Beurteilung von Geschmack/Qualität/Produkt (Allison und Uhl 1964; Bellizzi und Martin 1982; Compeau, Grewal und Monroe 1998; LeClerc, Schmitt und Dubé 1994; Levin und Gaeth 1988; Roberts und Taylor 1975), die affektiven und kognitiven Reaktionen der Konsumenten (Compeau, Grewal und Monroe 1998), die Einstellung gegenüber der Marke (LeClerc, Schmitt und Dubé 1994), das Erinnerungsvermögen des Konsumenten (Braun 1999) und das Konsumentenverhalten (Johnson, Summer und Martino 1985; Nowlis und Shiv 2005; Scott und Yalch 1980; Shiv und Nowlis 2004; Steinberg und Yalch 1978).

Zusammengefasst kann festgehalten werden, dass in der Marketingforschung dem Einsatz von visuellen Reizen bislang die meiste Aufmerksamkeit gewidmet wird, gefolgt von den akustischen Reizen bzw. dem Einsatz von Musik. Den gustatorischen, olfaktorischen und haptischen Reizen wird bisher im Vergleich dazu weniger Aufmerksamkeit zuteil.

3.6 Bimodale Sinnesreize

Neben den Studien, die sich bei ihren Untersuchungen auf eine Sinnesmodalität beschränkt haben, gibt es der Marketingliteratur auch Studien, die sich mit den Interaktionen zweier Sinnesmodalitäten beschäftigt haben. Diese bimodalen Untersuchungen sind in der folgenden Tabelle dargestellt.

Tabelle 6: Überblick über Studien bimodaler Sinnesreize in der Marketingforschung (eigene Darstellung)

Studie	Stimuli	Reize	Abhängige Variable
Macklin (1994)	audiovisuelle Werbeinformationen	Optik & Akustik	produktverbundener Recall (Markenname; Markeneigenschaften)
Unnava, Agarwal und Haugtvedt (1996)	audiovisuelle Werbeinformationen	Optik & Akustik	Recall der Werbeinformationen
Costly, Das und Brucks (1997)	audiovisuelle Werbebotschaften	Optik & Akustik	Einprägsamkeit und Recall von Werbebotschaften (z.B. Markenname)
Russell (2002)	Product placement in TV-Shows	Optik & Akustik	Markenerinnerung; Einstellung gegenüber der Marke
Tavassoli und Lee (2003)	akustische und visuelle Elemente in der Werbung	Optik & Akustik	Informationsverarbeitung
Holbrook (1983)	T-Shirts	Optik & Haptik	Produktbeurteilung
Klatzky, Lederman und Matula (1993)	geometrische (z.B. Limonadendose) und stoffliche Stimuli (z.B. Kleidung)	Optik & Haptik	Beurteilung der Stimuli
Wright und Lynch (1995)	Werbung vs. direkte Produkterfahrung (Schokoriegel, Bleistift, Standrad, Sitzsofa)	Optik & Haptik	Anzahl und Wichtigkeit hervorgerufener Such- und Erfahrungseigenschaften

Fortsetzung auf nächster Seite

Studie	Stimuli	Reize	Abhängige Variable
Krishna (2006)	Produktbehältnisse (Plastikbecher)	Optik & Haptik	wahrgenommenes relatives Volumen
Smith und Swinyard (1983)	gesalzener Snack (Produktprobe vs. Produktwerbung)	Optik & Geschmack	affektive, konative und Verhaltensreaktionen
Garber et al. (2000)	Lebensmittel und Getränke	Optik & Geschmack	Identifikation; Wahrnehmung; Präferenz; Produktwahl
Krishna und Morrin (2008)	Produktbehältnisse (Becher, Flasche)	Optik & Geschmack	Produktbeurteilung (Qualität; Zahlungsbereitschaft)
Mattila und Wirtz (2001)	Hintergrundmusik und Umgebungsduft in einem Souvenirladen	Geruch & Musik	emotionale und Verhaltens-Reaktionen (Gefallen; Aktivierung; Annäherung/Vermeidung; Impulskauf), Gesamtbeurteilung (Ladenumgebung; Zufriedenheit)
Spangenberg, Grohmann und Sprott (2005)	Weihnachtsgerüche und Weihnachtsmusik	Geruch & Musik	Beurteilung des Einzelhandelsumfelds, des Ladengeschäfts und seiner Absatzförderung

Wie in Tabelle 6 ersichtlich, beschäftigen sich die bisherigen bimodalen Untersuchungen in erster Linie mit visuellen Reizen und deren Interaktionen mit akustischen (Costley, Das und Brucks 1997; Macklin 1994; Russell 2002; Tavassoli und Lee 2003; Unnava, Agarwal und Haugtvedt 1996), haptischen (Holbrook 1983; Klatzky, Lederman und Matula 1993; Krishna 2006; Wright und Lynch 1995) oder gustatorischen Reizen (Garber, Hyatt und Starr 2000; Krishna und Morrin 2008; Smith und Swinyard 1983). Die olfaktorischen Reize werden bislang in Kombination mit akustischen Reizen bzw. Musik untersucht (Mattila und Wirtz 2001; Spangenberg, Grohmann und Sprott 2005). Die untersuchten Stimuli reichen, je nach untersuchter Modalität, von visuellen und akustischen Werbebotschaften, über Gerüche bis hin zu Produktproben oder Produktbehältnissen. Zu den wichtigsten gemessenen abhängigen Variablen zählen die Verarbeitung und der Recall von Informationen (Costley, Das und Brucks 1997; Macklin 1994; Russell 2002; Tavassoli und Lee 2003; Unnava, Agarwal und Haugtvedt 1996; Wright und Lynch 1995), die Wahrnehmung oder Beurteilung von Produkten/Läden (Garber, Hyatt und Starr 2000; Holbrook 1983; Klatzky, Lederman und Matula 1993; Krishna 2006; Krishna und Morrin 2008; Mattila und

Wirtz 2001; Spangenberg, Grohmann und Sprott 2005) und die Verhaltensreaktionen des Konsumenten (Mattila und Wirtz 2001; Smith und Swinyard 1983).

Die im vorliegenden Kapitel dargestellten Literaturüberblicke zeigen Folgendes:

- Während der Einfluss einzelner Sinne auf verschiedene Aspekte des Konsumentenverhaltens schon häufiger untersucht worden ist, gibt es im Bereich des Zusammenspiels zwischen unterschiedlichen sensorischen Modalitäten nur wenige Studien.
- Die visuellen Reize zählen zu den am meisten untersuchten sensorischen Reizen, gefolgt von den akustischen Reizen bzw. dem Einsatz von Musik. Die gustatorischen, olfaktorischen und haptischen Reize wurden im Vergleich dazu bislang lediglich rudimentär untersucht.
- Bislang richten nur wenige Studien ihr Interesse direkt auf das Zusammenspiel zwischen den visuellen und haptischen Reizen (Holbrook 1983; Klatzky, Lederman und Matula 1993; Krishna 2006; Wright und Lynch 1995). Die meisten Studien richten ihren Fokus auf Interaktionen zwischen visuellen und akustischen Reizen (Costley, Das und Brucks 1997; Macklin 1994; Russell 2002; Tavassoli und Lee 2003; Unnava, Agarwal und Haugtvedt 1996).
- Das Verpackungsdesign im Speziellen ist bislang nur bezüglich der visuellen Designelemente systematisch untersucht worden (Orth und Malkewitz 2008).
- Bezüglich des Einflusses sensorischer Reize auf die Wahrnehmung und Beurteilung von Marken gibt es bislang nur sehr wenige Studien (Morrin und Ratneshwar 2000; Orth und Malkewitz 2008; Underwood und Klein 2002). Die Mehrheit der Studien richten ihren Fokus hingegen auf die Einstellung zur Marke (Blair und Shimp 1992; LeClerc, Schmitt und Dubé 1994; Park und Young 1986) und das Markenerinnerungsvermögen (Costley, Das und Brucks 1997; Kellaris, Cox und Cox 1993; Macklin 1994; Morrin und Ratneshwar 2003; Russell 2002; Sewall und Sarel 1986).

Vor diesem Hintergrund leistet die vorliegende Arbeit einen Beitrag zur Schließung folgender Forschungslücken, indem

- **ganze Verpackungen bzw. Verpackungsdesigns** als Marketingstimuli untersucht werden,
- nicht nur die Gesamtheit der **visuellen**, sondern **auch die der haptischen Reize** untersucht wird,
- die Reize **nicht nur einzeln** untersucht, sondern auch **miteinander verknüpft** werden, um herauszufinden, durch welche generalisierbaren visuellen und haptischen Designfaktoren sich die holistischen Verpackungsdesigns voneinander unterscheiden,
- untersucht wird, ob holistische Verpackungsdesigns, die sich durch spezifische generische visuelle und haptische Designfaktoren voneinander differenzieren, bestimmte **modalitätsspezifische Markeneindrücke** hervorrufen und
- geprüft wird, inwieweit **Kongruenzen oder Inkongruenzen** zwischen den visuell- und haptisch-basierten Markeneindrücken die Kaufabsicht beeinflussen.

Ziel der folgenden beiden Abschnitte ist es, die Bedeutung des Verpackungsdesigns als Marketingstimulus herauszustellen und deren Funktionen zu erläutern.

3.7 Bedeutung des Verpackungsdesigns als Marketingstimulus

Die Rolle des Verpackungsdesigns hat sich mit dem Schritt zur Selbstbedienung stark gewandelt (Behaeghel 1991; Danger 1987), da die Verpackung seitdem zu einem wichtigen Teil des Verkaufsprozesses wurde (Danton De Rouffignac 1990). Immer größer werdende Supermärkte und die zunehmende Marktsegmentierung haben zu einer starken Vermehrung der Produkte beigetragen. Die Verpackung muss sich in diesem überfüllten Wettbewerbskontext behaupten, sowohl im Einzelhandel, als auch in den Haushalten der Konsumenten (Thompson 1996).

Zudem zeigt sich eine starke Zunahme der Impulskäufe, wobei schätzungsweise 60 bis 70 Prozent aller Lebensmitteleinkäufe ungeplant getätigt werden (Underhill 2000). Eine Studie des Point of Purchase Advertising Instituts (POPAI) (1995) kommt zu dem Ergebnis, dass mehr als Zweidrittel der Kaufentscheidungen am Point-of-Sale gefällt werden. Der Trend zum wöchentlichen Einkauf und die zunehmende Anzahl an gekauften Produkten pro Einkauf hat zur Folge, dass weniger Zeit für die Kaufentscheidung aufgewendet wird, und dies wiederum führt zu erhöhten Anforderungen an das Verpackungsdesign (Rettie und Brewer 2000).

Markenmanager messen dem Verpackungsdesign eine große Bedeutung zu, da in gesättigten Märkten ein unverwechselbares Verpackungsdesign eine effektive Möglichkeit bietet, um die Aufmerksamkeit der Konsumenten zu gewinnen (Bloch 1995; Meyers und Gerstman 2005). Maßgeblich hierbei ist, dass das Verpackungsdesign im entscheidenden Moment, in dem die Kaufentscheidung getroffen wird, anwesend ist, und dass das hohe Involvement des Konsumenten dazu beiträgt, dass die Verpackung während der Entscheidungsfindung aktiv nach Informationen abgesucht wird (Behaeghel 1991; Bloch 1995; Garber, Burke und Jones 2000; Rettie und Brewer 2000; Schoormans und Robben 1997; Underwood 2003).

Ein weiterer Grund für die zunehmende Bedeutung des Verpackungsdesigns ist, dass das traditionelle Mittel der Werbung beim Konsumenten an Einfluss verloren hat. Die Konsumenten sprechen nicht mehr auf die vielen audiovisuellen Werbebotschaften an, die sie über die Medienkanäle erhalten. Wird davon ausgegangen, dass die Konsumenten ihre Kaufentscheidungen am Point-of-Sale treffen, sind dem Konsumenten bis zu diesem Zeitpunkt nur noch sehr wenige Werbebotschaften in Erinnerung (Underwood 2003). Aufgrund der Präsenz zum Zeitpunkt der Kaufentscheidung und die – im Vergleich zur Werbung – geringen Kosten, ist die Verpackung daher ein sehr wichtiges Kommunikationsmittel.

Das Design einer Verpackung ist, neben Werbung und Preis, zudem ein wesentliches Mittel zur Vermittlung bestimmter Eindrücke von der Marke (z.B. Markenpersönlichkeit), ihre Qualität oder ihren Wert (Limon, Kahle und Orth 2009; Orth und Malkewitz 2008; Schoormans und Robben 1997; Underwood und Klein 2002). Für viele Produkte, vor allem relativ homogene Produkte, ist das Verpackungsdesign daher ein entscheidendes strategisches Element zur Markendifferenzierung. Aus diesem Grund verfolgen Produktmanager und Designer zumeist das Ziel, ein Verpackungsdesign zu kreieren, das die Aufmerksamkeit des Konsumenten weckt und zudem einen positiven ästhetischen, erfahrungsbezogenen, funktionalen, symbolischen und/oder informellen

Nutzen für den Konsumenten stiftet (Keller 1993; Orth und De Marchi 2007; Park, Jaworski und MacInnis 1986).

Die Industrie legt bereits seit mehreren Jahrzehnten besonderen Wert auf die Verpackung bzw. das Verpackungsdesign als strategisches Marketinginstrument (Underwood und Klein 2002). Im Bereich der wissenschaftlichen Forschung hingegen wird dem Verpackungsdesign bislang weniger Aufmerksamkeit entgegengebracht, vor allem verglichen mit der umfangreichen Forschung bei anderen Marketingelementen, wie Werbung und Preisgestaltung (Underwood und Ozanne 1998).

Die bereits existierende Literatur zum Verpackungsdesign richtet sich in erster Linie auf die zunehmende Wichtigkeit des Designs der Verpackung und der Rolle der Verpackung als ein Mittel der Kommunikation und Markenbildung (Orth und Malkewitz 2008; Rettie und Brewer 2000; Schoormans und Robben 1997). Während es einen beträchtlichen Umfang an Literatur über verschiedene Verpackungstechniken gibt, die sich in erster Linie mit individuellen Verpackungsdesigns beschäftigen (z.B. Kozak und Wiedemann 2008; van Roojen 2008), gibt es im Bereich der empirischen Verpackungsdesignforschung nur wenige Studien.

3.8 Funktionen des Verpackungsdesigns

Der Begriff Verpackungsdesign umfasst laut Bloch (1995) sowohl technisch bedingte Eigenschaften, als auch ästhetische Aspekte. Das Verpackungsdesign erfüllt somit funktionale und ästhetische, aber auch kommunikative Funktionen z.B. durch die Vermittlung von Markeneindrücken (Orth und Malkewitz 2008; Veryzer 1995).

Die *funktionale* Dimension oder auch Anwendungsfunktion beschreibt die Benutzbarkeit und Gebrauchstauglichkeit durch die ergonomische Gestaltung der Verpackung (Bloch 1995; Creusen und Schoormans 2005). Zu diesen funktionalen Leistungszielen gehören z.B. die Lebensdauer, die Resistenz gegenüber Umweltbelastungen und die Haltbarkeit. Des Weiteren muss bei der Gestalt der Verpackung darauf geachtete werden, dass Umweltaspekte berücksichtigt werden, einschließlich der Recycelbarkeit (Bloch 1995). Zusätzlich zu den funktionalen Leistungszielen müssen Designer auch technische Beschränkungen, wie z.B. die Traglast, die Werkstofftechnologie und die Geometrie berücksichtigen (Lawson 1983). Vor dem Hintergrund der zunehmenden

Komplexität von Verpackungen kommt auch der Ergonomie der Verpackung eine große Bedeutung zu (Bloch 1995). Ergonomisch gestalten, bedeutet, an den Menschen angepasst zu gestalten, mit dem Ziel, das Wohlbefinden des Menschen zu optimieren, die Sicherheit zu maximieren und die Nutzungstauglichkeit und den Komfort zu erhöhen (Osborne 1987). Beispielsweise können die haptischen Reize des Verpackungsdesign dazu beitragen, dass eine Verpackung gut in der Hand liegt, da eine stark ausgeprägte Griffmulde vorhanden ist. Eine mangelnde Aufmerksamkeit gegenüber den ergonomischen Aspekten des Verpackungsdesigns kann dazu führen, dass die Konsumenten unzufrieden sind. Daher ist es von großer Wichtigkeit, dass Designer den Aspekt der Ergonomie bei der Entwicklung der Verpackungsform berücksichtigen (Bloch 1995).

Die *ästhetische* Dimension einer Verpackung betrifft die wahrnehmungsbezogene, individuelle Anmutung oder das subjektive Gefallen der Verpackung (Veryzer 1993). Wenn Produktalternativen sich bezüglich ihrer Funktion und ihres Preises kaum unterscheiden, präferiert der Konsument das Produkt, das ihm am ästhetischsten erscheint (Creusen und Schoormans 2005). Die ästhetischen Reaktionen des Konsumenten (z.B. Präferenzen, Urteile und Affekte) entstehen durch die Interaktion zwischen dem Erscheinungsbild der Verpackung und dem Konsumenten (Veryzer 1995). Sie sind meist emotionaler oder gefühlsmäßiger Natur, sind als solche sehr persönlich (Creusen und Schoormans 2005) und basieren auf den Eigenschaften und der Konfiguration der physikalischen Merkmale (sprich Verpackungsdesign) des Produktes (Veryzer 1993). Mehrere Forscher haben bereits versucht, die Eigenschaften von Produkten zu identifizieren, die mit der ästhetischen Wertschätzung verbunden sind. Es sind bereits Präferenzen festgestellt worden für visuelle Designrichtlinien wie Einheitlichkeit, Proportion und Symmetrie (Veryzer 1993; Veryzer und Hutchinson 1998). Zudem wird nachgewiesen, dass die Prototypikalität einen Einfluss auf die ästhetischen Reaktionen ausübt. Prototypikalität ist „ *the degree to which an object is representative of a category*" (Veryzer und Hutchinson 1998, S.374). Mehrere Studien belegen, dass die visuelle Prototypikalität einen positiven Einfluss auf die ästhetische Präferenz der Konsumenten für die Marke ausübt (Hekkert und van Wieringen 1990; Veryzer und Hutchinson 1998; Whitfield und Slatter 1979). Ebenso wie die produktbedingten Eigenschaften gibt es auch kulturelle, soziale und persönliche Aspekte, die den Design-

Geschmack beeinflussen. Beispielsweise beeinflussen persönliche Faktoren, wie die Fähigkeit, Unterschiede im Design wahrzunehmen, bereits gesammelte Erfahrungen und die Persönlichkeit des Konsumenten den Design-Geschmack (Bloch 1995).

Die *kommunikative* Dimension des Verpackungsdesigns betrifft in erster Linie die inhaltlichen bzw. symbolischen Kommunikationsaspekte einer Verpackung (Underwood 2003) und geht über das reine Gefallen hinaus. Laut Underwood und Ozanne (1998, S. 216) ist die Verpackung „*the key element in conveying meaning, symbolism and/or brand meaning, thus effectively differentiating the brand from its functionally congruent competitors*". Mit Hilfe struktureller und visueller Verpackungselemente und der spezifischen Kombination von Markenlogo, Farben, Verpackungsmaterialien, Bildern, Schriftarten, Produktbeschreibungen, Formen und anderen Designelementen ist das Verpackungsdesign in der Lage, bestimmte Markenassoziationen hervorzurufen (Underwood 2003). Zu diesen Assoziationen zählen beispielsweise bestimmte Markenpersönlichkeiten (Orth und Malkewitz 2008), der Eindruck von Nostalgie (Underwood 2003) oder von Qualität und Gesundheit (Orth und De Marchi 2007).

4 Theoretische Grundlagen und Ableitung der Untersuchungsthesen

4.1 Ansätze aus der Gestaltpsychologie

Die Gestaltpsychologie, häufig Synonym für den Begriff Gestalttheorie, stellt ein grundlegendes Paradigma der Wahrnehmungspsychologie dar und greift eines der ältesten philosophischen Probleme der Menschheit auf: die Frage nach dem Verhältnis zwischen dem Ganzen und seiner Teile (Koffka 1931). Als der eigentliche Begründer der Gestaltpsychologie gilt Christian von Ehrenfels (1859-1932), der durch seine Schrift „*Über Gestaltqualitäten*" (1890) berühmt wurde. Darin stellt er fest, dass in der Wahrnehmung ein Moment wirksam ist, der von den Empfindungen unabhängig ist: die so genannte Gestaltqualität. Auf von Ehrenfels geht auch der gestaltpsychologische Lehrsatz „*Das Ganze ist mehr als die Summe seiner Teile*" zurück. Als Beispiel nennt er die Melodie: Sie besteht aus einer Vielzahl von Tönen, ihre Wirkung entsteht jedoch erst aus dem Zusammenklang der einzelnen Töne (Bürdek 2005; von Ehrenfels 1890). Von Ehrenfels wendet sich also gegen die sehr populäre theoretische Elementarpsychologie, die behauptet, dass sich die Wahrnehmung aus elementaren Empfindungen aufbaut. Von Ehrenfels übte einen starken Einfluss auf andere Gestaltpsychologen, wie Max Wertheimer (1880-1943), Kurt Koffka (1886-1941) und Wolfgang Köhler (1887-1967) aus, die insbesondere in der ersten Hälfte des 20. Jahrhunderts wichtige Grundlagenforschung auf diesem Gebiet geleistet haben (Heller 1956; King et al. 1994; Koffka 1922; Köhler 1969; Wertheimer 1925b). Die Gestaltpsychologen waren der Überzeugung, dass jegliche menschliche Wahrnehmung als Ganzes angesehen werden müsse. Um die Wahrnehmung zu verstehen, sei es notwendig, die Einzelteile zu betrachten, die dieses Ganze ausmachen. "*Es gibt Zusammenhänge, bei denen nicht, was im Ganzen geschieht, sich daraus herleitet, wie die einzelnen Stücke sind und sich zusammensetzen, sondern umgekehrt, wo (...) sich das, was an einem Teil dieses Ganzen geschieht, bestimmt ist von inneren Strukturgesetzen dieses seines*

Ganzen" (Wertheimer 1925a, S.43). Fast gleichlautend formuliert Koffka (1931, S.645) „*...instead of starting with the elements and deriving the properties of the whole from them a reverse process is necessary, i.e., to try to understand the properties of parts from the properties of wholes. The chief content of Gestalt as a category is this view of the relation of parts and wholes, involving the recognition of intrinsic real dynamic whole-properties*".

Grundlegend für diese holistische Denkweise ist die Annahme, dass der Wahrnehmungsprozess nicht vollständig verstanden werden kann, wenn er lediglich in kleine Teilprozesse zerlegt wird. Das Ganze wird nicht als bloße Addition der Einzelteile, sondern vielmehr als dynamisches Zusammenspiel der Einzelteile, als Wesen des Ganzen, aufgefasst.

Die Wahrnehmungs- und Gestaltpsychologen formulierten über 100 Gestaltgesetze, welche Phänomene der Gestaltwahrnehmung beschreiben (Bürdek 2005). Sie waren der Überzeugung, dass unsere Wahrnehmung nicht alleine durch die Eigenschaften der wahrgenommenen Objekte bestimmt wird, sondern bestimmten psychologischen Gesetzmäßigkeiten unterliegt (Steffen 2000). Das Prägnanzgesetz - auch als „*Gesetz der guten Gestalt*" bezeichnet - kann als übergeordnetes Gesetz bezeichnet werden. Es beschreibt die Tendenz der menschlichen Wahrnehmung, komplexe und unvollständige Elemente als einfache und eindeutige Gestalt zu interpretieren (Koffka 1935). Beim Verpackungsdesign gehören zu den „*guten Gestalten*" der Kreis, das Dreieck und das Quadrat, wobei der Kreis als die prägnanteste Form betrachtet wird, aufgrund seines hohen Maßes an Gleichförmigkeit bzw. Symmetrie und Geschlossenheit. Nach dem Prägnanzgesetz tendieren „*schlechte*" Gestalten bei flüchtiger Betrachtung und bei der Speicherung im Gedächtnis zu „*guten*" Gestalten. Die Wahrnehmung idealisiert somit unsymmetrische Formen und lässt sie symmetrisch erscheinen und unvollständige als vollständig (Berlyne 1971; Linxweiler 2005). Neben dem Prägnanzprinzip gibt es noch folgende weitere wichtigen Prinzipien der Wahrnehmung: das Prinzip der Geschlossenheit (Heller 1956; Koffka 1935), der Nähe (King et al. 1994; Wertheimer 1925b), der Ähnlichkeit (Hamilton, Hong und Chernev; Quinlan und Wilton 1998), der Einheit/Harmonie (Katz 1950; Veryzer 1993), der Symmetrie (Henderson und Cote 1998) und die Figur-Grund-Trennung (Mazza, Turatto und Umilta 2005).

Als rein syntaktische Instrumente, ohne spezifische Bedeutung, geben die Gestaltgesetze zwar keine Hinweise auf die Gesamtbeurteilung eines Designobjektes, aber auch heutzutage haben die in den Gestaltgesetzen formulierten Wahrnehmungsprinzipien immer noch Bestand und bilden eine wichtige Grundlage beim Entwerfen und Erzeugen ganzheitlicher Wahrnehmungseindrücke. In der Designpraxis kommen sie insbesondere bei den Anzeichenfunktionen und den formalästhetischen Funktionen zum Einsatz (Bürdek 2005), und sie sind auch in der anwendungsorientierten Marketing- und Designforschung nach wie vor von Bedeutung (Bornstein und D'Agostino 1992; Henderson und Cote 1998; Henderson, Giese und Cote 2004; Orth und Malkewitz 2008; Raghubir und Greenleaf 2006; van den Bergh und Vrana 1998; Veryzer 1993; Veryzer und Hutchinson 1998).

Bei der formalästhetischen Betrachtung von Designobjekten werden, aufbauend auf den Gestaltgesetzen, Kriterien zur Beschreibung von Ordnung und Komplexität von Produkten definiert. Diese sind in der folgenden Abbildung 2 dargestellt.

Wird Komplexität im Sinne von Unordnung interpretiert, dann wird deutlich, dass Ordnung und Komplexität zwei voneinander abhängige Faktoren der Produktgestalt sind, die sich jedoch gegenseitig ausschließen. Ein Produkt mit hoher Komplexität besitzt demnach wenig Ordnung und ein Produkt mit hoher Ordnung wenig Komplexität (Bürdek 1991).

Als grundlegende Voraussetzungen für Mensch-Objekt-Beziehungen sowie Komplexitätswahrnehmungen müssen einerseits menschliche Sinnesorgane und andererseits Reizquellen vorhanden sein. Als komplexitätserzeugende Reizquellen kommen z.B. Farben, Formen, Oberflächenstrukturen, aber auch Töne und Gerüche in Frage. Mit der Anzahl der wahrgenommenen Reizelemente steigt auch der Grad der Komplexität. Verpackungen, deren Oberfläche mehrere Farben und unterschiedliche Strukturen bzw. Texturen aufweisen, besitzen beispielsweise eine höhere Komplexität, als Verpackungen mit völlig homogenen Oberflächen (Steffen 2000).

Abbildung 2: Determinanten von Ordnung und Komplexität (Bürdek 1991, S.188)

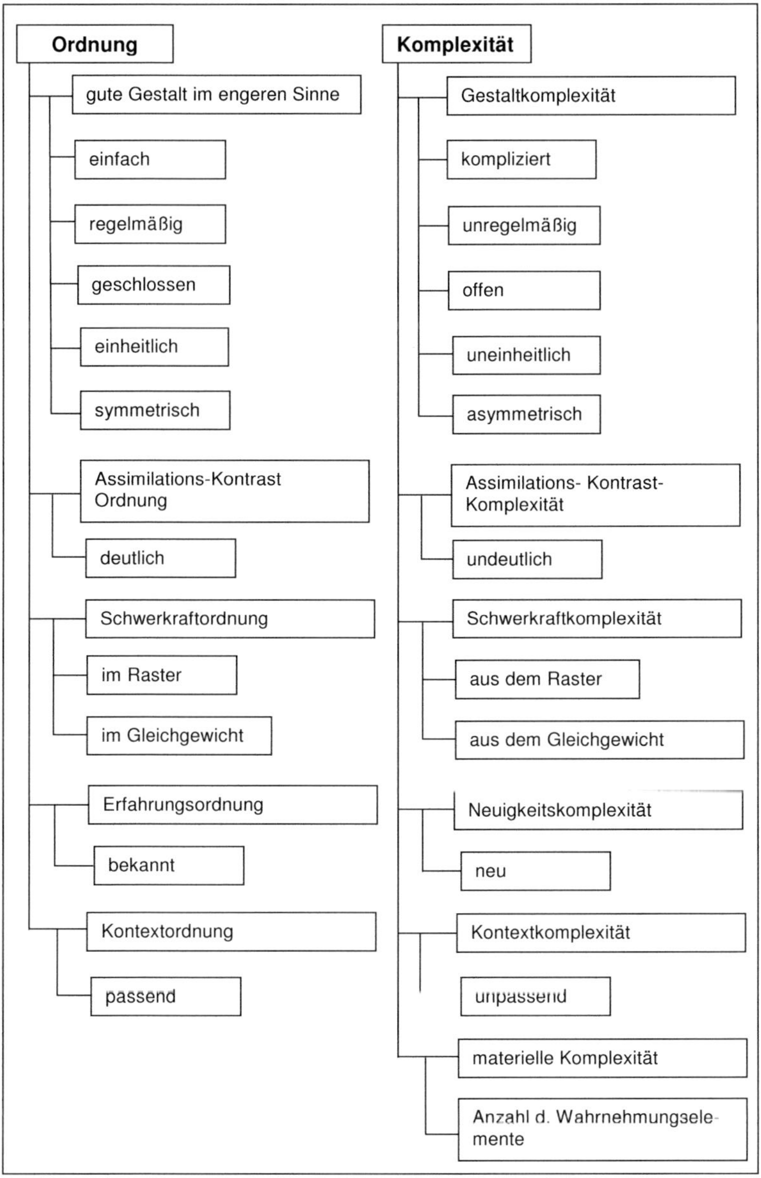

Bereits in der Gestaltpsychologie wird angenommen, dass bestimmte Gestaltfaktoren, wie z.B. Symmetrie und Einfachheit, die Gefallenswirkung von Stimuli beeinflussen (Koffka 1935; Köhler 1969). Berlyne (1971) untersucht die These von der „Einheit in Vielfalt". Danach wird das Ausmaß an Gefallen, das ein Stimulus hervorruft, von einer Kombination größtmöglicher Vielseitigkeit und Komplexität bei gleichzeitiger größtmöglicher Ordnung bestimmt. Ästhetisches Erleben verlangt demnach einerseits stimulierende Faktoren (Komplexität, Neuartigkeit, Überraschung, Inkongruenz), aber auch ordnende, das Verstehen erleichternde Elemente.

4.2 Generische Verpackungsdesignfaktoren

Die gestalttheoretischen Ansätze deuten darauf hin, dass Konsumenten wesentliche Designelemente wahrnehmen (z.B. Farben, Oberflächen, Schriften) und sie zu komplexeren und generischen Designfaktoren zusammenfügen (Janiszewski und Meyvis 2001; Underwood 2003; Veryzer 1999). Erklärungsansätze für diese hierarchische Verarbeitung zeigen auch Studien der unterbewussten Präferenzbildung (Dijksterhuis 2004b; Kunst-Wilson und Zajonc 1980; Lewicki, Hill und Sasaki 1989)[1]. Zudem gibt es Ergebnisse, die zeigen, dass multidimensionale Designeigenschaften bestimmt werden durch grundsätzlichere, messbare Designelemente (Geistfeld, Sproles und Badenhop 1977). Designelemente werden dementsprechend zu komplexeren, kognitiven Komponenten oder Designfaktoren kombiniert, welche im Zuge der Wahrnehmung aggregiert werden und dem Konsumenten bestimmte Eigenschaften (z.B. über die Marke) vermitteln (Orth und Malkewitz 2008). Darüber hinaus unterstützen auch Theorien der Klassifikation, Kategorisierung und Typisierung die Ansicht, dass generische Dimensionen oder Faktoren existieren (Veryzer 1999). All' diesen Theorien ist gemein, dass sie sich auf das Erkennen einer bestimmten Klasse von Objekten, ohne die Möglichkeit alle Objektdetails und Eigenheiten zu identifizieren, beziehen (Berlyne 1971), da die Konsumenten versuchen, den Stimulus zu verstehen, indem sie

[1] Das Unterbewusstsein kann demnach zur Bildung von Präferenzen für bestimmte Stimuli beitragen, obgleich das Bewusstsein diese Stimuli nicht einmal bemerkt hätte. Dies zeigen Forschungen der wiederholten Exponierung (Kunst-Wilson und Zajonc 1980) und unterschwelligen Konditionierung (Dijksterhuis 2004a; Krosnick et al. 1992).

ihn einer bereits existierenden Kategorie zuordnen (Loken und Ward 1990). Generische Designfaktoren lassen sich ebenfalls interpretieren im Sinne des Typisierungs-Konzeptes von Pepper (1949). Ein Typ besteht demnach aus einem Bündel von Eigenschaften (z.B. Designelementen), die in einer bestimmten Beziehung zueinander stehen, so dass sie im Endeffekt als Ganzes wahrgenommen werden (z.B. ein generischer Designfaktor).

Neben diesen theoretischen Betrachtungen existieren auch eine Reihe von Studien, die Beweise liefern für die Existenz generischer Faktoren, basierend auf visuellen Designeigenschaften von Logos, Schriftarten oder aber ganzen Verpackungen (Henderson und Cote 1998; Henderson et al. 2003; Orth und Malkewitz 2008). Die Forschungsergebnisse deuten darauf hin, dass die Effekte von Verpackungsdesigns aus einer holistischen Perspektive heraus untersucht werden sollten, und zwar in Form von generischen Designfaktoren, anhand derer sich allgemeine holistische Designs differenzieren lassen. Im Folgenden werden die visuellen und die haptischen Designfaktoren näher betrachtet, da diese einen Schwerpunkt dieser Arbeit bilden.

4.2.1 Visuelle Verpackungsdesignfaktoren

Henderson und Cote (1998) identifizieren sieben Designfaktoren anhand von 22 visuellen Designelementen bei Logos. Drei der sieben Faktoren sind signifikant. Der erste Faktor *Natürlichkeit* kombiniert Eigenschaften wie repräsentativ und organisch. Der zweite Faktor *Harmonie* kombiniert Symmetrie und Gleichgewicht. Ein Logo, das symmetrische Designelemente nutzt, sowohl entlang der horizontalen, als auch der vertikalen Achse, ist harmonischer, als ein Logo ohne diese Eigenschaftsausprägungen. Der dritte Faktor, bezeichnet als *Aufwand*, ist eine Kombination aus den Designelementen Komplexität, Aktivität und Tiefe. Aufbauend auf den Ergebnissen dieser Studie untersuchen Henderson et al. (2003) Logos in Asien und identifizieren ebenfalls diese drei zugrundeliegende Faktoren, nämlich *Aufwand*, *Harmonie* und *Natürlichkeit*, basierend auf acht verschiedenen Designeigenschaften. Diese Faktoren stimmen, sowohl von der Bezeichnung, als auch von der Zusammensetzung her, weitestgehend mit den von Henderson und Cote (1998) gefundenen Faktoren überein, trotz des unterschiedlichen kulturellen Hintergrundes der beiden Studien. Henderson, Giese und Cote (2004) erweitern die Logo-Studien und extrahieren sechs Faktoren auf der

Basis von 210 verschiedenen Schriftarten. Drei dieser Faktoren sind typische Designfaktoren für Schriftarten und die anderen drei sind allgemeine Designfaktoren, die auf alle Designs anwendbar sind. Diese allgemeingültigen Faktoren ähneln wiederum den bereits von Henderson und Cote (2004) identifizierten Faktoren, obgleich sie auf unterschiedlichen Designelementen basieren. Der Faktor *Aufwand* beinhaltet positive Ladungen für die Tiefe, Verzierung, Unverwechselbarkeit und Bedeutsamkeit und negative Ladungen für die Lesbarkeit und Gewöhnlichkeit von Schriftarten. Der Faktor *Harmonie* umfasst Balance, Ausgeglichenheit, Symmetrie und Einheitlichkeit. Der dritte Faktor *Natürlichkeit* beinhaltet positive Ladungen für aktive, gekrümmte, organische und schiefe Schriftarten sowie negative Ladungen für getippte (statt handgeschriebene) Schriftarten. Zu den drei schriftartenspezifischen Designfaktoren zählen *Verspieltheit* (Serifen, Oberlängen- und Unterlängen der Buchstaben), *Gewicht* (schwere, fette und sich wiederholende Elemente) und *Komprimierung* (verdichtete, hohe Buchstaben). Die aktuellste Studie aus dem Bereich der visuellen Designfaktoren von Orth und Malkewitz (2008) untersucht nicht nur die Gestaltung der Schriftarten, sondern die Gesamtheit der visuellen Designelemente ganzer Verpackungen (speziell von Weinflaschen). Obwohl die untersuchten Designelemente in Zusammenarbeit mit Experten aus der Wein- und Design-Industrie spezifiziert werden, ergeben sich ähnliche Faktoren wie bei Henderson, Giese und Cote (2004): *Natürlichkeit, Harmonie, Aufwand, Komprimierung, Verspieltheit, Gewicht, Größe* und *Symmetrie.* In Tabelle 7 sind die bislang identifizierten visuellen Designfaktoren noch einmal zusammenfassend dargestellt.

Tabelle 7: Überblick über visuelle Designfaktoren in der Marketingforschung (eigene Darstellung)

	Henderson und Cote (1998)	Henderson et al. 2003	Henderson, Giese und Cote (2004)	Orth und Malkewitz (2008)
Stimuli	Logos	Logos	Schriftarten	Verpackungen
Natürlichkeit	x	x	x	x
Harmonie	x	x	x	x
Aufwand	x	x	x	x
Komprimierung			x	x
Verspieltheit			x	x
Gewicht			x	x
Größe				x
Symmetrie				x

Orth und Malkewitz (2008) weisen in ihrer Studie nicht nur die Existenz generischer visueller Designfaktoren bei Verpackungen nach, sondern identifizieren zudem fünf prototypisch holistische Designtypen, die sich signifikant bezüglich dieser visuellen Designfaktoren unterscheiden (vgl. Abschnitt 3.1). Zu den fünf visuellen holistischen Designtypen zählen der *Natürliche* Typ, bei dem beispielsweise auf dem Etikett mit Symbolen wie Pflanzen oder Bildern vom Landleben gearbeitet wird, der *Kontrastreiche* Designtyp, der sich durch schrille Farben und gezielte Brüche im Markenauftritt auszeichnet, der *Massive* Typ, der dunkle Farben, blockartige große Schriften und wenig Details aufweist und sehr robust auftritt, der *Zarte* Designtyp, bei dem die Farben zarter sind, die Etiketten kleiner und das Erscheinungsbild femininer ist, und der *Unauffällige* Typ, der sehr symmetrisch und schlicht ist, ohne viele Details. In Tabelle 15 auf Seite 80f. sind einige Beispiele dieser visuellen (unimodalen) Verpackungsdesigns dargestellt.

4.2.2 Haptische Verpackungsdesignfaktoren

Die meisten Studien der Marketingforschung, die sich mit der Haptik beschäftigen, untersuchen Produktbeurteilungen und Kaufentscheidungen, die durch die haptische Wahrnehmung unterstützt werden (z.B. Argo, Dahl und Morales 2006; Grohmann, Spangenberg und Sprott 2007; Holbrook 1983; McCabe und Nowlis 2003b) und individuelle Unterschiede beim Bedürfnis, Dinge anzufassen (Citrin et al. 2003; Grohmann, Spangenberg und Sprott 2007; Peck und Childers 2003a, b) (vgl. Abschnitt 3.2). Studien, die die Interaktionen zwischen der Optik und Haptik (Krishna 2006) und zwischen der Haptik und dem Geschmack untersuchen (Krishna und Morrin 2008), belegen die Wichtigkeit einzelner haptischer Eigenschaften, einschließlich der Festigkeit oder Weichheit von Mineralwasserflaschen. Bislang hat sich die Forschung im Bereich der haptischen Wahrnehmung in erster Linie auf die beiden Zustände Berührung vs. keine Berührung konzentriert (Argo, Dahl und Morales 2006; Grohmann, Spangenberg und Sprott 2007; Krishna 2006; Peck und Childers 2003b) oder aber auf ein einzelnes haptisches Element (Krishna und Morrin 2008). Nur wenig Aufmerksamkeit wird bisher der systematischen Untersuchung haptischer Designfaktoren oder holistischer Designtypen gewidmet.

Die vorliegende Arbeit versucht, diese Lücke zu füllen, durch die Erweiterung der Sichtweise der Existenz visueller generischer Designfaktoren, durch die Existenz haptischer Designfaktoren und durch die Integration haptischer Designfaktoren bei der Identifikation holistischer Designtypen zur Differenzierung bimodaler Verpackungsdesigns.

Wie bereits in Abschnitt 2.1 erwähnt, umfasst die haptische Wahrnehmung die Verarbeitung von Inputs multipler Subsysteme, einschließlich der Haut, der Muskeln, der Sehnen und Gelenke (Wolfe, Kluender und Levi 2006). Diese Tatsache lässt darauf schließen, dass eine Vielzahl von Designelementen haptisch zugänglich ist. Welche Art der Exploration bei der Identifizierung bestimmter Objekte auftritt, erforschen Klatzky, Lederman and Metzger (1985). Sie beobachten eine Vielzahl unterschiedlicher Handbewegungen, während die Probanden versuchen, die Namen von 100 Alltagsgegenständen zu generieren, die sich in ihren Händen befinden (z.B. Gläser, Karotten, Pullover, Babyflaschen). Basierend auf diesen phänomenologischen Berichten der Beobachter entwickeln Lederman und Klatzky (1987) ein erstes Klassifizierungssystem. Dieses unterscheidet zwischen vier Faktoren: materielle Faktoren (z.B. Oberflächentextur, Härte, Gewicht und Temperatur), geometrische Faktoren (z.B. Form und Größe betreffend), mechanische Faktoren (z.B. Bewegung eines Objektteils) und funktionale Faktoren (bedingt durch die Oberflächenstruktur). Lederman und Klatzky (1987) können bei ihren Untersuchungen zudem nachweisen, dass Menschen systematisch eine Vielzahl von stereotypischen Handbewegungsmustern durchführen, die jeweils eng mit einem oder mehreren dieser Faktoren verbunden sind: *seitliche Bewegung*, um die Textur zu entschlüsseln; *statischer Kontakt*, um die Temperatur zu erfassen; *Umschließen*, um das Volumen und die globale Form zu erfassen; *Druck,* zur Wahrnehmung der Härte; *ungestütztes Halten*, zur Erfassung des Gewichtes; und *Nachverfolgen der Konturen*, zur Wahrnehmung der globalen und der exakten Form (siehe Abbildung 3).

Abbildung 3: Explorationsprozeduren beim Betasten von Objekten (Lederman und Klatzky 1987, S. 346)

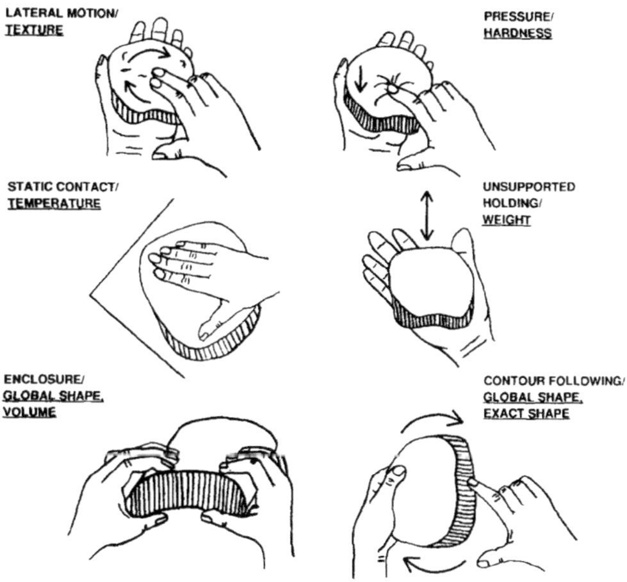

Die Verbindungen zwischen diesen Explorationsprozeduren und den Eigenschaften, die mit Hilfe dieser Prozeduren extrahiert werden, weisen bereits darauf hin, dass haptische generische Faktoren bei Verpackungsdesigns existieren, die grundlegende haptische Designelemente beinhalten.

Auf Basis der Studien von Lederman und Klatzky (1987; 1990) untersucht Meyer (2001) mit Hilfe kontrollierter Assoziationstests die wahrnehmungsrelevanten haptischen Reize beim Betasten von 100 verschiedenen Alltagsgegenständen. Auf Grundlage der Ergebnisse der Assoziationstests werden fünf haptische Wahrnehmungsdimensionen identifiziert. Der erste Faktor *Konsistenz* beschreibt Eigenschaften, wie Elastizität und Härte, die sich auf die Resistenz eines Gegenstandes gegenüber Druck beziehen. Der zweite Faktor *Masse* kombiniert Dicke, Größe und Gewicht. Der dritte Faktor, bezeichnet als *Textur*, ist eine Kombination aus den Elementen Rauhigkeit und Unebenheit. Der Faktor *Temperatur* besteht nur aus einem Indikator kalt/warm und der Faktor *Form* beinhaltet die Elemente Eckigkeit und Kantigkeit.

Basierend auf den Forschungsergebnissen von Lederman und Klatzky (1987) und Meyer (2001) wird angenommen, dass generische haptische Designfaktoren existieren, die sich aus spezifischen haptischen Designelementen zusammensetzen. Mit dem Ziel, die holistische Perspektive von visuellen Designeigenschaften (Orth und Malkewitz 2008) um die haptischen Designeigenschaften zu erweitern, wird folgende These formuliert:

> **T1**: Es existieren allgemein gültige Prototypen bimodaler Verpackungsdesigns, die sich durch spezifische generische visuelle und haptische Designfaktoren unterscheiden.

4.3 Wahrnehmung von designevozierten Markeneindrücken durch den Konsumenten

Es liegen bereits umfangreiche Belege dafür vor, dass Verpackungsdesigns die Fähigkeit besitzen, bestimmte Werturteile beim Konsumenten hervorzurufen (Aaker 1997; Batra und Homer 2004; Keller 1993; Orth und Malkewitz 2008; Solomon 1983; Underwood 2003; Underwood und Klein 2002; Underwood und Ozanne 1998). Diese Fähigkeit ist besonders ausgeprägt bei neuen Marken, die den Konsumenten unbekannt sind (Underwood und Klein 2002). Da für diese unbekannten Marken noch keine Assoziationen im Gedächtnis vorliegen, basieren die Markenwahrnehmungen auf den vorliegenden Reizen, einschließlich des Verpackungsdesigns. Wenn Konsumenten tatsächlich das Verpackungsdesign nutzen, um die Marke zu beurteilen, ist es sehr

wichtig zu verstehen, wie sich Konsumenten ein Urteil über die Marke bilden und welche Designfaktoren dieses Urteil beeinflussen.
Drei der am häufigsten untersuchten Verpackungsdesign-basierten Werturteile sind *Qualität* (Bloch 1995; Orth und Malkewitz 2008), *Attraktivität* (Orth, Campana und Malkewitz 2010) und *Markenpersönlichkeit* (Orth und Malkewitz 2008). Diese Konzepte erfassen systematisch die Facetten der Marke in Form von generalisierbaren Eindrücken und sind mit der konzeptuellen Verarbeitung von Informationen verknüpft (siehe dazu Unterabschnitt 4.4.2).

4.3.1 Qualität

Studien haben gezeigt, dass die wahrgenommene Qualität ein wichtiges subjektives Werturteil darstellt, das den Entscheidungsprozess des Konsumenten stark beeinflusst (Boulding und Kirmani 1993; Rao und Monroe 1988; Richardson, Dick und Jain 1994). Die Qualität eines Produktes ist besonders interessant, weil sie die kognitive Beurteilung des intrinsischen Kernnutzens eines Produktes darstellt (Rao und Monroe 1989; Teas und Agarwal 2000). Unter der wahrgenommenen Qualität wird laut Compeau, Grewal und Monroe (1998, S.297) „*an overall subjective evaluative judgement of a product's perceived ability to deliver the expected bundle of benefits offered by the product*" verstanden. Als solches stimmen Qualitätsurteile meist mit dem funktionalen Nutzen, den Konsumenten suchen, überein (Park, Jaworski und MacInnis 1986). In Situationen, in denen es schwierig ist, diesen funktionalen Nutzen zu beurteilen, verwenden Konsumenten extrinsische Reize, wie z.B. Preise (Dodds, Monroe und Grewal 1991; Rao und Monroe 1988, 1989), Werbung (Kirmani und Wright 1989) und Qualitätsgarantien (Boulding und Kirmani 1993; White und Truly 1989), aber auch das visuelle Erscheinungsbild (Dawar und Parker 1994), um auf die Qualität des Produktes zu schließen.

4.3.2 Attraktivität

Die Attraktivität einer Verpackung ist sehr wichtig, da attraktive Verpackungen wichtige Nutzenquellen für Konsumenten darstellen können (Orth, Campana und Malkewitz 2010). Ästhetische Beurteilungen beruhen auf extrinsischen Produktreizen und üben einen starken Einfluss auf die Entscheidung der Konsumenten aus (Sheth, Newman und Gross 1991). Falls Produktalternativen bezüglich ihrer Qualitäten und Preise als sehr ähnlich wahrgenommen werden, präferieren Konsumenten diejenige Alternative, die ästhetisch ansprechender erscheint (Creusen und Schoormans 2005). Zudem wird festgestellt, dass prototypischere Stimuli für Konsumenten einfacher zu verarbeiten sind und höhere Attraktivitätsurteile hervorrufen (Reber, Schwarz und Winkielman 2004). Veryzer und Hutchinson (1998) können wiederum belegen, dass Stimuli, die von Konsumenten als attraktiver bewertet werden, höhere Werte bezüglich des Gefallens ausweisen.

4.3.3 Markenpersönlichkeit

Eines der am häufigsten untersuchten Konstrukte der Markeneindrücke ist die Markenpersönlichkeit, welche definiert wird als *„the set of human characteristics associated with the brand*" (Aaker 1997, S.347, p. 347)[2]. Die Markenpersönlichkeit beinhaltet sowohl demographische Merkmale, wie Alter, Geschlecht und Klassenzugehörigkeit, als auch die klassischen Persönlichkeitszüge, wie zum Beispiel Intelligenz, Zuverlässigkeit, Aufrichtigkeit und Wärme (Aaker 1996). Sie ist, wie die menschliche Persönlichkeit, unverwechselbar, dauerhaft und nur über längere Zeiträume veränderbar. Beispielsweise wird die Marke Harley-Davidson typischerweise als männlich, aufsässig und robust angesehen, wohingegen Pepsi eher jung, sprühend und aufregend wahrgenommen wird (Plummer 1985). Konsumenten assoziieren menschliche Persönlichkeitseigenschaften mit Marken, da sie sich mit Marken ähnlich verbunden fühlen, wie mit Partnern oder Freunden (Fournier 1998) und weil sie die Marken als eine Erweiterung ihrer Selbst wahrnehmen (Belk 1988). Eine distinktive Markenpersönlichkeit kann dazu beitragen, dass im Gedächtnis der Konsumenten eine Reihe von einzigartigen und positiven Assoziationen erzeugt und somit der Markenwert aufgebaut oder verstärkt wird (Johnson, Soutar und Sweeney 2000; Keller 1993). Die Persön-

---

2 Die umfangreichste und ausführlichste Studie zur Konzeptualisierung und Messung der Markenpersönlichkeit wird von Aaker (1997) durchgeführt. Bei dieser Studie werden 37 Marken hinsichtlich 114 verschiedener Persönlichkeitseigenschaften beurteilt. Eine anschließende Faktorenanalyse ergibt, fünf Dimensionen (auch Big Five der Markenpersönlichkeit genannt) – Aufrichtigkeit, Spannung, Kompetenz, Kultiviertheit und Robustheit, welche sich wiederum in 15 Facetten aufschließen lassen (Aaker 1997). Die fünf Dimensionen der Markenpersönlichkeit und ihre Facetten nach Aaker (1997) sind in Tabelle 23 im Anhang auf Seite 150 mit aufgelistet.

lichkeit einer Marke ist daher ein wichtiger Faktor für ihren Erfolg. Sie beeinflusst die Präferenz und Markenwahl (Batra, Lehmann und Singh 1993). Eine gut etablierte Markenpersönlichkeit kann zur Folge haben, dass die Konsumenten eine stärkere emotionale Verbundenheit zur Marke aufweisen, sowie größeres Vertrauen und Loyalität (Johnson, Soutar und Sweeney 2000). Sie schafft damit eine dauerhafte Grundlage zur Differenzierung (Aaker und Fournier 1995; Sung und Tinkham 2005), die schwierig nachzuahmen ist (Aaker 1996). Aus der Sicht der Manager gibt die Markenpersönlichkeit den Unternehmen die Möglichkeit, mit den Konsumenten noch effizienter zu kommunizieren. Zudem spielt die Markenpersönlichkeit eine große Rolle bei Promotion- und Werbemaßnahmen (Aaker 1996; Batra, Lehmann und Singh 1993; Plummer 1985).

Im Bereich der Marketingforschung existieren bereits einige Studien, die untersuchen, wie mit Hilfe bestimmter visueller Designelemente spezifische Eindrücke von Qualität, Attraktivität oder Markenpersönlichkeit den Konsumenten kommuniziert werden können (vgl. Tabelle 1). Orth und Malkewitz (2008) können bereits prototypische visuelle Verpackungsdesigns nachweisen, die systematisch mit spezifischen Markeneindrücken verbunden sind. Es existieren bislang jedoch keine Studien, die systematisch untersuchen, inwiefern haptische Designelemente in der Lage sind, bestimmte Markeneindrücke zu kommunizieren. Forscher, die sich bereits mit der Haptik beschäftigt haben, äußern lediglich Vermutungen. Peck and Wiggins (2006) weisen beispielsweise darauf hin, dass die taktilen Elemente einer Verpackung wesentlich zum ganzheitlichen Markenimage des Produktes beitragen können. Ähnlich diskutiert Lindstrom (2005a) über die Verwendung der nostalgischen Glasflasche von Coca Cola zur Verstärkung des Markenimages. Er behauptet, dass der taktile Sinneseindruck, das Gefühl der Flaschen in der Hand des Konsumenten, mit der Beurteilung der Marke eng verbunden ist. Peck und Childers (2003a, S.430) stellen ebenfalls fest, dass "*studying touch may lead to insights regarding brand judgements and choice preferences*". Es existieren jedoch bislang keinerlei empirische Untersuchungen, die gezielt ermitteln, inwiefern die haptischen Designelemente von Verpackungsdesigns zur Wahrnehmung spezifischer, strategisch wichtiger Markeneindrücke beitragen können. Aufbauend auf den Ergebnissen von Orth und Malkewitz (2008), die nachweisen können, dass visuelle (unimodale) Verpackungsdesigns existieren, die systematisch mit spezifischen Markeneindrücken verbunden sind, und den soeben genannte Hinweisen der Haptikforscher, wird folgende These formuliert:

> **T2:** Es existieren systematische Zusammenhänge zwischen bimodalen holistischen Verpackungsdesigns und den Markeneindrücken der Konsumenten.

4.4 Ansätze zur Erklärung der Wirkung des Zusammenspiels visueller und haptischer Reize

4.4.1 Die (In)Kongruenz-Theorie

Die Kongruenztheorie wird bislang vor allem in der Sozialpsychologie bei der Gedächtnisforschung (Stangor und McMillan 1992) und bei Untersuchungen zur Einstellungsbildung (Jagre, Watson und Watson 2001; Kirmani und Shiv 1998; Mandler 1982; Russell 2002; Wang, Beatty und Mothersbaugh 2009) angewandt. Entsprechend des Prinzips der kognitiven Konsistenz bevorzugen Menschen Harmonie zwischen ihren Gedanken, Gefühlen und Verhaltensweisen und streben danach, Einheitlichkeit zwischen diesen Elementen zu wahren (Solomon 1996). Forscher, die sich mit dem Thema Kongruenz bzw. Inkongruenz beschäftigt haben, verwenden mehrere synonyme Terminologien, wie kongruent/inkongruent, erwartet/unerwartet und konsistent/inkonsistent (Heckler und Childers 1992). Das Kongruenzmodell wird ursprünglich formuliert als eine spezielle Erklärung für eine Einstellungsänderung, die entsteht, wenn eine „*Quelle*“ mit einem bestimmten „*Einstellungsobjekt*“ verbunden ist. Die Aussagen, die Quellen über die Einstellungsobjekte machen, sind assoziativ, wenn die Aussage eine positive Verbindung impliziert und dissoziativ, wenn die Aussage eine Ablehnung eines Zusammenhangs impliziert. Das dritte Element der Kongruenztheorie ist die „*Beurteilung*“ der Quelle und des Objektes durch die Person, deren Einstellung untersucht wird (Shaver 1987). Die Kongruenztheorie nimmt an, dass der Wert eines eher negativ beurteilten Elementes steigt, wenn es mit einem positiv beurteilten Element verknüpft wird (Solomon 1996).

Die Kongruenztheorie spricht auch dafür, dass die Speicherung im Gedächtnis und der Abruf von Informationen durch vorherige Erwartungen beeinflusst werden. Mandler's (1982) Schema(in)kongruenz-Theorie geht davon aus, dass Konsumenten Stimuli auf Basis existierender Schemata verarbeiten. Ein Schema ist eine kognitive Struktur, die das Wissen der Konsumenten und deren Erwartungen über Marken, Produkte und Werbung widerspiegelt (Fiske und Taylor 1991; Mandler 1982). Laut Mandler (1982) erhält ein Stimulus, der inkonsistent mit einem existierenden Schema ist, mehr Aufmerksamkeit, als ein kongruenter Stimulus. Dies wiederum führt zu einer intensiveren Verarbeitung und besseren Wiedererkennung, verglichen mit Informationen, die kongruent sind mit dem Schemawissen. Mandler (1982) geht davon aus, dass Stimuli, die vollkommen kongruent mit den Schemaerwartungen sind, nicht erregend sind und somit aufgrund der Vertrautheit nur zu leicht positiven Bewertungen führen. Im Gegensatz dazu löst eine Zerrüttung der Erwartungen, die entsteht, wenn Inkongruenz vorgefunden wird, Erregung und kognitive Entfaltung aus, mit dem Ziel, die Bedeutung der Inkongruenz zu verstehen. Wenn diese Inkongruenz moderat ist, kann sie durch Assimilation oder Generalisierung von Vorwissen aufgelöst werden. Als Ergebnis daraus löst eine moderate Inkongruenz einen stärkeren positiven Affekt aus, als eine Kongruenz (siehe Abbildung 5). Dies tritt nicht nur auf, weil Kongruenz erreicht wird, sondern auch, weil der Akt der Entdeckung bzw. die Erkenntnis an sich möglicherweise auch Zufriedenheit erzeugt. Moderate Inkongruenz gilt somit als *„interesting and positively valued*" (Mandler 1982, S.22). Die moderate Inkongruenz, die wahrgenommen werden könnte, wenn beispielsweise Levi Strauss legere Schuhe produzieren würde, könnte aufgelöst werden, indem das Image, das Levi's als Jeansproduzent besitzt, auf die Produktion legerer Kleidung erweitert würde.

Extreme Inkongruenz hingegen kann nur durch fundamentale Änderungen der bereits existierenden kognitiven Strukturen aufgelöst werden. Sie führt ebenfalls zu einer gesteigerten Verarbeitung der Information. Diese Form der Inkongruenz führt jedoch nicht zu einem positiven Gefühl, sondern zu Frustration und Hilflosigkeit und demzufolge zu negativen Beurteilungen (Meyers-Levy, Louie und Curren 1994). Die von Mandler (1982) angenommenen Beziehungen sind in Abbildung 4 veranschaulicht.

Abbildung 4: Mandler's Theorie der (In)Kongruenz (Mandler 1982, S.22)

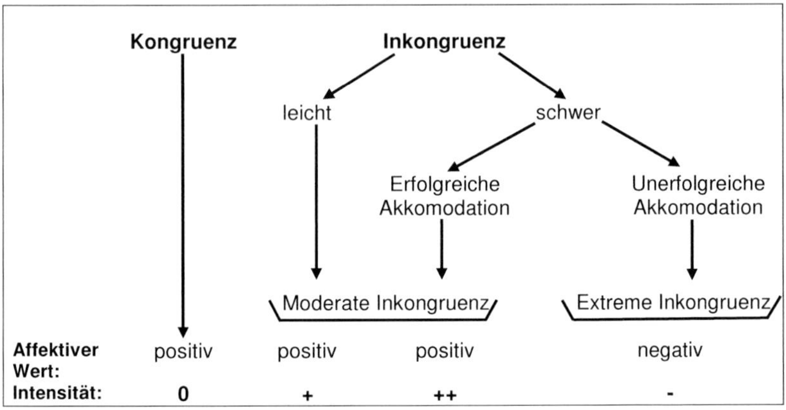

Der Grad bzw. die Intensität der Inkongruenz wird bestimmt durch den Grad der Übereinstimmung (oder Nichtübereinstimmung) zwischen der Repräsentation (z.B. Eigenschaften) des Produktes (z.B. Verpackung) und dem damit verbundenen Schema (z.B. Meyers-Levy und Tybout 1989; Peracchio und Tybout 1996; Stayman, Alden und Smith 1992; Sujan 1985). Der Level an Inkongruenz bestimmt, welcher innere Prozess bei Individuen einsetzt (Assimilation bzw. Angleichung oder Akkommodation bzw. Anpassung), wenn sie mit der Inkongruenz konfrontiert werden (Lee und Schumann 2004).

Die Rolle von (In)Kongruenzen und die daraus resultierende ausführliche Verarbeitung von Marketingkommunikationen ist eine Frage von großem Interesse. Meyer-Levy und Tybout (1989) untersuchen zum Beispiel, welchen Einfluss die Darbietung kongruenter und inkongruenter Informationen über Soft Drinks auf die Einstellung gegenüber diesen Produkten ausübt. Ihre Ergebnisse unterstützen die Annahmen von Mandler (1982) und zeigen, dass eine moderate Inkongruenz im Vergleich zur Kongruenz oder extremen Inkongruenz zu positiveren Beurteilungen führt.

Zusammenfassend betrachtet, müsste entsprechend der In(Kongruenz)-Theorie eine moderate Inkongruenz zwischen den visuell- und haptisch-basierten Markeneindrücken zu positiveren Beurteilungen führen, als eine Kongruenz oder extreme Inkongruenz. Eine extreme Inkongruenz trägt zwar zu einer Steigerung der Informationsverarbeitung bei, mündet jedoch nicht in einem positiven Gefühl, sondern ruft Frustration und Hilflosigkeit hervor und wird demzufolge negativ beurteilt.

4.4.2 Processing Fluency

Unter *Processing Fluency* wird das subjektive Gefühl von Leichtigkeit oder Schwierigkeit verstanden, das Individuen beim Verarbeiten der Informationen eines Produktes erleben (Shen, Jiang und Adaval 2010). Die Prämisse hinter dieser fließenden Informationsverarbeitung besteht darin, dass jeder Stimulus mit einem unterschiedlichen Grad an Geschwindigkeit, Aufwand und Genauigkeit verarbeitet wird (Novemsky et al. 2007). In der Literatur werden unter dem Begriff *Processing Fluency* zwei Facetten zusammengefasst: *Perceptual Fluency* und *Conceptual Fluency* (Lee und Labroo 2004; Shapiro 1999). *Perceptual Fluency* bezieht sich auf die Schnelligkeit und Genauigkeit, mit der ein Stimulus identifiziert werden kann (Lee und Labroo 2004), wohingegen sich *Conceptual Fluency* auf die Identifikation der Stimulusbedeutung und seine Einordnung in die bestehende Wissensstruktur bezieht (Reber, Schwarz und Winkielman 2004; Whittlesea 1993). Beide Formen der *Processing Fluency* stellen eigenständige Konstrukte dar (Lee 2002). Sie sind die natürliche Folge der Exponierung gegenüber einem Stimulus und beeinflussen unter anderem die Gefallens-, Wahrheits- und Akzeptanzurteile des Stimulus (Whittlesea 1993).

Perceptual Fluency schließt die Verarbeitung der physikalischen und sensorischen Merkmale eines Stimulus durch den Konsumenten mit ein (Lee und Labroo 2004). Die für diese Verarbeitung relevanten Verarbeitungsprozesse sind im sensorischen Gedächtnissystem lokalisiert, in dem die modalitätsspezifischen Eigenschaften des Stimulus in analoger Form verarbeitet und gespeichert werden (Engelkamp 1990, 1997)[3]. Mehrere Studien haben gezeigt, dass es verschiedene Variablen gibt, die die Geschwindigkeit oder Genauigkeit, mit der ein Stimulus identifiziert wird, beeinflussen, wie z.B. der Abbildungs-Hintergrund-Kontrast (Reber, Winkielman und Schwarz 1998), Druckschriften (Novemsky et al. 2007) oder eine vorherige Exponierung mit dem Stimulus (Zajonc 1968). Diese Variablen erleichtern und steigern die Informationswahrnehmung und bewirken, dass der Stimulus positiver beurteilt wird (Labroo

3 Für weiterführende Informationen hierzu siehe Seite 148f. im Anhang.

und Lee 2006; Lee und Labroo 2004). Zajonc (1968) belegt beispielsweise, dass die wiederholte Exponierung mit einem Stimulus (*Perceptual Priming*) die Vorliebe für diesen Stimulus steigert, verglichen mit anderen Stimuli, denen der Teilnehmer zuvor nicht ausgesetzt war. Experimente zeigen zudem, dass die wiederholte Darbietung des Stimulus die Präferenz für die Eigenschaften des Stimulus erhöht, indem die Leichtigkeit der perzeptuellen Verarbeitung gesteigert wird, ohne die sinnhafte Ausgestaltung der Eigenschaften zu beeinflussen. Somit trägt das *Perceptual Priming* dazu bei, dass die Leichtigkeit, mit der die perzeptuellen Merkmale eines Stimuli bei der späteren Exponierung verschlüsselt werden, verstärkt wird und das *Target* dadurch eindeutiger, besser, attraktiver und auffälliger erscheint (Bornstein 1989; Zajonc 1980). Weitere Studien, die die Effekte durch die wiederholte Exponierung mit dem Stimulus (*Mere-Exposure-Effect*) untersucht haben, kommen ebenfalls zu dem Ergebnis, dass das *Perceptual Priming* einen Einfluss auf die Leichtigkeit der Verarbeitung (*Processing Fluency*) des *Targets* ausübt (Labroo, Dhar und Schwarz 2008) und, dass leichter zu verarbeitende Stimuli positiver wahrgenommen werden (Lee und Labroo 2004; Winkielman und Cacioppo 2001) und attraktiver sowie angenehmer erscheinen (Reber, Schwarz und Winkielman 2004).

Conceptual Fluency bezieht sich im Vergleich zur *Perceptual Fluency* auf die semantische Verarbeitung des Stimulus. Im Mittelpunkt steht der Aufwand, mit dem die durch den Stimulus kommunizierten Konzepte verarbeitet werden können. Es wird untersucht, mit welcher Leichtigkeit und damit einhergehenden Geschwindigkeit und Genauigkeit Reize kategorisiert, Stimulusbedeutungen identifiziert und Stimuli in bestehende Wissensstrukturen der Konsumenten eingeordnet werden können (Janiszewski und Meyvis 2001; Shapiro 1999; Whittlesea 1993). *Conceptual Fluency* wird durch folgende Variablen beeinflusst: die semantische Vorhersagbarkeit, die Konsistenz zwischen Stimulus und Kontext sowie die Verfügbarkeit passender mentaler Konzepte[4] (Schwarz 2004). Die Verarbeitung des Stimulus findet innerhalb des konzeptuellen Gedächtnissystems (vgl. Abbildung 10 im Anhang) auf der Basis amodal gespeicherter Wissensstrukturen statt (Engelkamp 1990, 1997). Whittlesea (1993)

4 Konzepte werden laut Engelkamp und Zimmer (2006) als kleinste konzeptuelle Einheiten betrachtet, die auf den sensorischen Repräsentationen basieren, selbst jedoch abstrakter sind und zu komplexen semantischen Einheiten (Propositionen) zusammengefasst werden können.

führt die ersten Studien durch, die direkt die *Conceptual Fluency* untersucht. In diesen Studien wird die Leichtigkeit, mit der Ziel-Wörter (z.B. Boot) identifiziert werden, manipuliert. Zur Manipulation werden die Wörter entweder im Rahmen eines vorhersagbaren (z.B. die stürmische See peitschte das Boot) oder neutralen (z.B. er sparte sein Geld und kaufte sich ein Boot) Kontext platziert. Den Probanden werden die Sätze präsentiert, wobei immer das letzte Wort fehlt. Neben der Geschwindigkeit der Aussprache der Ziel-Wörter wird auch das Gefallen der Wörter in dem jeweiligen Kontext abgefragt. Die Aussprachegeschwindigkeit ist beim semantisch vorhersagbaren Kontext signifikant höher, als im neutralen Kontext. Zudem zeigt sich, dass die Wörter im semantisch vorhersagbaren Kontext positiver bewertet werden, als im neutralen Kontext.

Die Effekte der Leichtigkeit der Verarbeitung von Informationen sind auch für das Konsumentenverhalten von hoher Relevanz. Lee und Labroo (2004) beleuchten das Konstrukt der *Conceptual Fluency* im Hinblick auf die Beurteilung der Marke genauer. Sie stellen in ihren Untersuchungen fest, dass Konsumenten eine positivere Einstellungen gegenüber Ketchup aufweisen, nachdem ihnen die Werbeanzeige eines eng verwandten Produktes (hier: Mayonnaise) gezeigt wird, als wenn ihren zuvor ein nicht verwandtes Produkt präsentiert wird (hier: Vitamintabletten). Diese Ergebnisse werden dadurch erklärt, dass die erhöhte Verfügbarkeit adäquater mentaler Konzepte zur Stimulusverarbeitung in einer besseren Beurteilung des beworbenen Produktes resultiert. Forschungen der chronischen und temporären Zugänglichkeit von Informationen weisen darauf hin, dass Informationen im Sinne von zugrundeliegenden Konzepten interpretiert werden können, die zum Zeitpunkt der Verschlüsselung am zugänglichsten sind (Higgins 1996; Johar, Moreau und Schwarz 2003). Kontextbezogene Reize bzw. *Primes* erhöhen die Zugänglichkeit dieser Konzepte. Dies wiederum resultiert in neuen Informationen, die in einer mit den Konzepten konsistenten Art und Weise verarbeitet werden, vorausgesetzt, dass die Konzepte bei den zur Verfügung stehenden Informationen anwendbar sind (Johar, Moreau und Schwarz 2003). Dieser Prozess mündet häufig in Assimilationseffekten bei nachfolgenden Beurteilungen.

Zusammenfassend betrachtet, zeigen mehrere Studien, dass die fließende Verarbeitung eines Stimulus bzw. einer Marke dazu beiträgt, dass Konsumenten eine positivere Einstellung gegenüber dem Stimulus bzw. der Marke haben, unabhängig davon, ob diese fließende Verarbeitung das Ergebnis einer erhöhten *Perceptual Fluency* oder *Conceptual Fluency* ist (Labroo und Lee 2006; Lee 2002; Lee und Labroo 2004; Reber, Winkielman und Schwarz 1998). Die Ausführungen haben zudem deutlich gemacht, dass visuelle und andere Reize bzw. *Primes* die Zugänglichkeit bestimmter Konzepte (z.B. Markenpersönlichkeit und/oder Qualität) erhöhen. Dies resultiert in neuen Informationen, die in einer mit diesen Konzepten konsistenten Art und Weise verarbeitet werden; was wiederum Assimilationseffekte bei nachfolgenden Beurteilungen zur Folge hat, zum Beispiel, wenn die Markenbeurteilungen den Implikationen des *Primes* näher stehen, als es sonst der Fall wäre.

4.4.3 Priming

Priming kann beschrieben werden als der Effekt eines zuerst wahrgenommenen Reizes (*Prime*) auf die Verarbeitung eines zweiten Reizes (*Target* oder Zielreiz), welcher entweder dem ersten entspricht oder mit ihm verbunden ist (Tulving und Schacter 1990). Durch die vorherige Darbietung bzw. Exposition des ersten Reizes wird die Verarbeitung des zweiten Reizes erleichtert (Schacter 1987; Tulving und Schacter 1990). Es kann zwischen zwei Arten von *Priming* unterschieden werden: dem *Perceptual Priming* und dem *Conceptual Priming*. Das *Perceptual Priming* ist modalitätsspezifisch und nicht abhängig von der semantischen Verschlüsselung des Stimulus im Gedächtnis, wohingegen das *Conceptual Priming* modalitätsunabhängig ist und von einer semantischen Verschlüsselung im Gedächtnis begünstigt wird (Blaxton 1989). Diese beiden Arten des Primings stellen eigenständige Konstrukte des Gedächtnisses dar (Lee 2002).

Laut Tulving und Schacter (1990) existiert im Gedächtnis eine eigenständige Repräsentation der wahrnehmbaren Reize eines Stimulus, die auf prä-semantischer Ebene arbeitet und keine bewusste Verarbeitung erfordert. Wenn ein Konsument einem Stimulus ausgesetzt wird, wird diese Repräsentation der physikalischen und sensorischen Merkmale des Stimulus aktiviert und vorübergehend verstärkt. Als solches spiegelt das *Perceptual Priming* eine Verstärkung der *Perceptual Fluency* des Stimulus wider, dadurch, dass der Stimulus bei späteren Begegnungen leichter zu identifizieren ist (Jacoby und Dallas 1981).

Das *Conceptual Priming* stellt ebenfalls eine Form der Gedächtnisrepräsentation dar, die erzeugt wird, im Zuge einer vorherigen Exposition. Das semantische Gedächtnis repräsentiert den Wissensschatz an Sprache und anderen konzeptuellen Informationen, die der Mensch besitzt. Diese Repräsentation der Wissensstruktur kann verstärkt oder modifiziert werden durch die Exposition gegenüber einem bestimmten Stimulus. Als solches spiegelt *Conceptual Priming* eine kurzzeitige Verstärkung der *Conceptual Fluency* dieser Repräsentation wider, dadurch, dass der Stimulus im Gedächtnis zugänglicher ist (Lee 2002).

Laut Lee (2002) können die Markenwahlentscheidungen der Konsumenten entweder in einer stimulus-basierten Situation oder aber in einer gedächtnis-basierten Situation getroffen werden. Wenn die Auswahlentscheidungen stimulus-basiert sind, liegen die Informationen, die für die Entscheidung relevant sind, bereits in der realen Umgebung vor. Beim Einkauf im Supermarkt treffen beispielsweise viele Konsumenten ihre Wahl aus einer Reihe von Produkten, die in den Regalen ausgestellt sind. Die Konsumenten fragen in stimulus-basierten Situationen möglicherweise trotzdem Informationen aus ihrem Gedächtnis ab, als Input für ihre Entscheidungen. Folglich mündet eine stimulus-basierte Situation in einer gemischten Entscheidung, bei der die Konsumenten Informationen nutzen, die sowohl in der Umgebung vorliegen, als auch aus dem Gedächtnis abgerufen werden können (Alba, Hutchinson und Lynch 1992).

Eine gedächtnis-basierte Situation liegt dann vor, wenn der Konsument eine Marke aus einer Produktkategorie wählt, basierend auf Informationen, die er aus dem Gedächtnis abruft. Im Restaurant werden beispielsweise häufig gedächtnis basierte Entscheidungen getroffen, z.B. wenn ein Konsument ein Getränk bestellt, ohne vorher auf die Getränkeliste zu schauen, oder wenn die Einkäufe im Supermarkt nicht getätigt werden aufgrund der dargestellten Informationen auf den Produkten, sondern auf Grundlage einer Einkaufsliste, die der Konsument bereits vor dem Einkauf erstellt hat. Diese Einkäufer treffen ihre Markenwahl dann, basierend auf den aus dem Gedächtnis hervorgerufenen Informationen (Lee 2002).

Wenn die Konsumenten für keine der Marken, die in ihrem Gedächtnis zugänglich sind oder in der Umgebung vorliegen, eine besondere Präferenz besitzen, wird eher eine Marke gewählt, die bezüglich der wahrgenommenen Reize aus der Umgebung hervorsticht und daher leichter erkennbar ist inmitten der Konkurrenten (Lee 2002).

Eine Studie von Hauser und Wernerfelt (1990) weist darauf hin, dass der Name der Marke bereits im Voraus im Gedächtnis gespeichert sein muss, wenn Konsumenten Marken aufgrund der Informationen im Gedächtnis wählen. Marken, die leichter aus dem Gedächtnis abgerufen werden können, werden eher ausgewählt, als Marken, die nicht leicht hervorgerufen werden können. Nedungadi (1990) erhöht in einer Studie die Zugänglichkeit einer Ziel-Marke, indem die Probanden entweder der Ziel-Marke (direktes *Priming*) oder aber einer Konkurrenzmarke derselben Produktkategorie (indirektes *Priming*) ausgesetzt werden. Es stellt sich heraus, dass die erhöhte Zugänglichkeit des Markennamens im Gedächtnis der Probanden zu einer größeren Wahrscheinlichkeit der Markenwahl führt, auch wenn die Präferenz für die Marke unverändert bleibt.

Priming Effekte treten vor allem dann auf, wenn die Urteile der Konsumenten gegenüber Produkten durch den Inhalt der kurz zuvor aktivierten Wissensstrukturen beeinflusst werden (Meyers-Levy 1988, 1989). Bei vielen Stimulus Kategorien sind bereits *Priming* Effekte festgestellt worden, einschließlich Bildern, Semantiken und Farben (z.B. Boush 1993; Johar, Moreau und Schwarz 2003; Mandel und Johnson 2002; Reber, Winkielman und Schwarz 1998; Shapiro 1999). Reber, Winkielman und Schwarz (1998) präsentieren ihren Probanden beispielsweise Bilder von alltäglichen Objekten, z.B. einen Tisch, einen Vogel oder ein Flugzeug. Die Qualität der Bilder wird leicht herabgesetzt und die *Processing Fluency* wird manipuliert mit Hilfe des visuellen *Primings*. Den Probanden wird je nach Kondition entweder unterschwellig eine stark degradierte Kontur des Ziel-Bildes oder eines anderen Bildes vorangestellt. Die Ergebnisse zeigen, dass die Bilder, die durch passende Konturen konditioniert werden, schneller erkannt werden - was auf eine höhere *Fluency* hindeutet - und besser gefallen, als Bilder, denen unpassende Konturen vorangestellt werden.

Priming Effekte können jedoch nur beobachtet werden, wenn der *Prime* eindeutig ist und leicht eine Interpretation des *Targets* in Form des *Primes* erlaubt (Higgins 1996). Speziell die Literatur der wiederholten Exponierung (*Mere-Exposure-Effect*) zeigt, dass das *Perceptual Priming* sehr sensitiv gegenüber geringen Abweichungen zwischen den Eigenschaften des *Primes* und des *Targets* ist (Mandler, Nakamura und van Zandt 1987; Zajonc 1968). Demzufolge erfordert das *Perceptual Priming* eine Exponierung mit exakt demselben Stimuli, um eine Verbesserung der Beurteilungen hervorzurufen (Labroo, Dhar und Schwarz 2008). Wenn Konsumenten Marken am Point-of-Sale einkaufen, sind sie in der Regel den visuellen und haptischen Reizen sequentiell ausgesetzt. Sie sehen das Produkt zunächst und fassen es dann an. Die visuellen Merkmale des Produktdesigns stellen dabei den *Prime* dar und die haptischen Merkmale das *Target* (Ziel-Stimulus).

Aufbauend auf den Ergebnissen der psychologischen Forschungen zum *Processing Fluency*, wird in dieser Arbeit angenommen, dass die Präferenz für ein Produkt bzw. deren Kaufabsicht zum Teil darauf beruht, wie leicht die perzeptuellen Eigenschaften des Produktes verarbeitet werden können. Eine sequentielle Exponierung gegenüber zunächst visuellen und dann haptischen Verpackungseigenschaften, wenn die Marke das *Target* ist (*Perceptual Priming*), trägt dazu bei, dass das *Target* bzw. die Marke leichter verarbeitet wird und somit die Präferenz für die Marke bzw. deren Kaufabsicht steigt. Folgende Forschungsthese wird daher aufgestellt:

> **T3:** Falls die Markenbeurteilungen, die durch die visuellen Designeigenschaften (*Prime*) hervorgerufen werden mit den durch die haptischen Designeigenschaften (*Target*) hervorgerufenen Markenbeurteilungen übereinstimmen, steigt die Kaufabsicht.

4.5 Individuelle Unterschiede bei der Wahrnehmung visueller und haptischer Reize

Im Bereich des Konsumentenverhaltens gibt es bereits erste Hinweise für die Existenz individueller Unterschiede bezüglich der Präferenz für sensorische Informationen (für eine Diskussion bzgl. der visuellen und verbalen Informationsverarbeitung siehe Childers, Houston und Heckler 1985). Aus diesem Grund wird auch in dieser Arbeit empirisch untersucht, ob individuelle Unterschiede, speziell hinsichtlich der Fähigkeit zur Wahrnehmung von Unterschieden im Design (*Design Acumen*) und des Berührungsbedürfnisses (*Need for Touch*) die durch das Verpackungsdesign hervorgerufenen Markeneindrücke und die damit verbunden Kaufabsicht beeinflussen.

4.5.1 Fähigkeit zur Wahrnehmung von Unterschieden im Design (Design Acumen)

Individuelle Unterschiede bezüglich der ästhetischen Präferenz können einen wichtigen Einfluss auf die ästhetische Wahrnehmung des Produktdesigns haben (Bloch 1995; Holbrook 1986). Bloch, Brunel, and Arnold (2003) können empirisch belegen, dass Menschen sich dahingehend unterscheiden, wie wichtig ihnen die visuelle Produktästhetik für ihre Beziehung zum Produkt ist. Zur Messung dieser Beziehung entwickeln die Autoren die Skala der Zentralität der visuellen Produktästhetik (Centrality of Visual Product Aesthetic (CVPA), Bloch, Brunel und Arnold 2003). Mit Hilfe dieser Skala wird erfasst, in welchem Umfang ein Konsument (1) Design bewertet (2) auf Design reagiert und (3) die Fähigkeit besitzt, Design zu beurteilen. Es kann gezeigt werden, dass die CVPA einen moderierenden Einfluss auf den Effekt zwischen dem Produktdesign und den ästhetischen Burteilungen, den Einstellungen gegenüber dem Produkt, der Kaufabsicht und der Zahlungsbereitschaft ausübt (Bloch, Brunel und Arnold 2003). Laut Bloch (1995) knüpfen Individuen mit einer stärker ausgeprägten Fähigkeit, Unterschiede im Verpackungsdesign wahrzunehmen, schneller Sinnesbeziehungen und weisen feinsinnigere Vorlieben bezüglich des Designs von Dingen auf, als Individuen mit einer geringeren Fähigkeit, Unterschiede im Design wahrzunehmen. Orth und Malkewitz (2009) können zudem nachweisen, dass die Fähigkeit zur Wahrnehmung von Unterschieden im Design bzw. die Fähigkeit, Verpackungsdesigns zu erkennen, einzustufen und zu bewerten, die durch die Verpackung gebildeten Marken- und Qualitätseindrücke beeinflusst. Aufbauend auf diesen Ergebnissen wird folgende These formuliert:

> **T4a**: Im Vergleich zu Konsumenten mit einer schwach ausgeprägten Fähigkeit zur Wahrnehmung von Unterschieden im Design weisen Konsumenten mit einer stark ausgeprägten Fähigkeit zur Wahrnehmung von Unterschieden im Design eine höhere Kaufabsicht für Verpackungsdesigns mit kongruenten visuellen und haptischen Markeneindrücken auf.

4.5.2 Berührungsbedürfnis (Need for Touch)

Kausale Beobachtungen offenbaren, dass sich Individuen stark bezüglich ihrer Anzahl an Berührungen während des Einkaufs unterscheiden. Während einige Konsumenten Produkte lediglich anfassen, um sie in den Einkaufswagen zu legen, verbringen andere Konsumenten viel Zeit damit, die Produkte mit ihren Händen zu erkunden, bevor sie endgültig ihre Kaufentscheidung treffen (Peck und Childers 2003a). Wie es scheint, bevorzugen es einige Individuen, Informationen über ihren Tastsinn wahrzunehmen. Im Bereich der Forschung zur Haptik bzw. Berührung haben Wissenschaftler individuelle Unterschiede, hinsichtlich der Motivation der Konsumenten, Dinge anzufassen, festgestellt. Citrin et al. (2003) und Peck und Childers (2003a) haben Skalen entwickelt, um diese Unterschiede zu messen. Es wird nachgewiesen, dass diese individuellen Unterschiede zahlreiche Effekte hervorrufen. Konsumenten mit einem höheren Berührungsbedürfnis verfügen über eine stärkere Zugänglichkeit haptischer Informationen im Gedächtnis (Peck und Childers 2003a). Sie sind frustrierter, wenn es ihnen nicht gestattet ist, die Produkte anzufassen (Peck und Childers 2003a), kaufen seltener dort ein, wo sie nicht die Möglichkeit haben, das Produkt anzufassen, z.B. per Internet (Citrin et al. 2003; Peck und Childers 2003a), können die Berührungsunmöglichkeit schwerer kompensieren, z.B. durch haptische Produktbeschreibungen (McCabe und Nowlis 2003b; Peck und Childers 2003b), treffen häufiger impulsive Kaufentscheidungen (Peck und Childers 2006) und lassen sich bei Produktbehältnissen weniger von irrelevanten bzw. undiagnostischen haptischen Reizen (solche, die gegenständlich nicht relevant sind für die Beurteilungstätigkeit, wie z.B. die Festigkeit eines Trinkbechers) beeinflussen (Krishna und Morrin 2008).

Peck and Childers (2003a) können nachweisen, dass Individuen mit einem hohen (vs. geringem) Berührungsbedürfnis erfahrener bei der Nutzung ihres Tastsinnes zur Gewinnung von Informationen sind. Zudem sind diese Individuen eher in der Lage reichhaltigere mentale Produktrepräsentationen zu bilden, die haptische Eigenschaften beinhalten. Die Autoren weisen darauf hin, dass haptisch orientierte Individuen über eine höhere chronische Zugänglichkeit von gespeicherten, haptischen Informationen verfügen, obgleich sie weniger ihre kognitiven Verarbeitungskapazitäten nutzen. Des Weiteren erlauben ihnen ihre reicheren mentalen Repräsentationen der haptikbezogenen Informationen leichter zu erkennen, wann haptische Informationen für die Tätigkeit diagnostisch sind. Grohmann, Spangenberg und Sprott (2007) können weiterhin belegen, dass das Berührungsbedürfnis eine Vermittlungsrolle bei der Beurteilung von Produkten spielt. Die Möglichkeit der Berührung befähigt Konsumenten mit einem höheren Berührungsbedürfnis dazu, hohe Qualitätsniveaus besser unterscheiden zu können, woraus sich positivere Beurteilungen ergeben. Schlussfolgernd wird folgende These aufgestellt:

> **T4b:** Im Vergleich zu Konsumenten mit einem geringen Berührungsbedürfnis weisen Konsumenten mit einem hohen Berührungsbedürfnis eine höhere Kaufabsicht für Verpackungsdesigns mit kongruenten visuellen und haptischen Markeneindrücken auf.

5 Empirische Studien

Im vorangegangenen Kapitel sind die theoretischen Grundlagen aufgezeigt sowie die Untersuchungsthesen abgeleitet worden. Das nun folgende Kapitel stellt die drei aufeinander aufbauenden empirischen Studien vor, die dazu dienen, die Untersuchungsthesen zu testen bzw. die angenommenen Zusammenhänge des aufgestellten Untersuchungsmodelles zu prüfen. Das in Abbildung 5 darstellte Gesamtmodell zeigt, welche Studie welchen Teil des Gesamtmodells untersucht und welche These(n) prüft.

Abbildung 5: Gesamtmodell der empirischen Studien (eigene Darstellung)

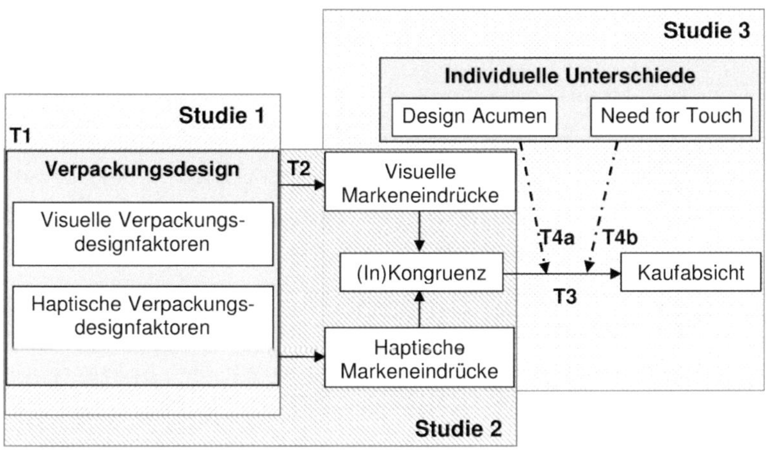

Im Folgenden wird zunächst das grundlegende methodische Vorgehen dieser Forschungsarbeit vorgestellt, bevor im Anschluss daran die Wahl der Produktkategorie erläutert wird. Danach wird auf die drei empirischen Studien im Detail eingegangen, wobei der Fokus auf die Ziele, Vorgehensweisen, verwendeten Messkonstrukte, Ergebnisse und die Diskussion der Ergebnisse der einzelnen Studien gelegt wird.

5.1 Methodisches Vorgehen

Die Untersuchungen der vorliegenden Arbeit richten sich nach etablierten Methoden, die sowohl bei der allgemeinen Designforschung (Henderson und Cote 1998; Henderson et al. 2003; Henderson, Giese und Cote 2004), als auch speziell bei der Erforschung des Verpackungsdesigns (Bloch, Brunel und Arnold 2003; Orth und Malkewitz 2008) angewandt werden. Die Methodik umfasst (1) die Auswahl einer für die Forschungsfragen geeigneten Produktkategorie, (2) die Bestimmung repräsentativer visueller und haptischer Designelemente, (3) die Zusammenstellung der Untersuchungsstimuli, (4) die Erfassung der Expertenbewertungen der visuellen und haptischen Designelemente (Studie 1), und (5) die Messung der unimodalen (Studie 2) und bimodalen Konsumentenreaktionen (Studie 3).

5.2 Wahl der Produktkategorie

Die Auswahl der geeigneten Produktkategorie richtet sich nach vier Hauptkriterien, die bereits in vorherigen Studien angewandt wurden (Limon, Kahle und Orth 2009; Orth und Malkewitz 2008). Erstens ist es erforderlich, dass die Stimuli Markenprodukte sind, die über eine große Vielfalt an generalisierbaren Designelementen verfügen, um zu gewährleisten, dass die Ergebnisse verallgemeinerbar sind. Zweitens ist es wichtig, dass zahlreiche reale aber unbekannte Markennamen verfügbar sind, um Verwirrungen durch unterschiedliche Wissensniveaus bezüglich der Marken bei den Konsumenten zu vermeiden (Baker, Hunt und Scribner 2002; Underwood und Klein 2002). Drittens besteht die Notwendigkeit, dass das Verpackungsdesign bei der entsprechenden Kategorie ein wichtiges Motiv ist, um beim Konsumenten bestimmte Eindrücke hervorzurufen und die Kaufentscheidung zu beeinflussen. Das letzte Kriterium verlangt eine große Vielfalt an visuellen und haptischen Designelementen innerhalb der gewählten Produktkategorie. Unter Berücksichtigung dieser aufgeführten Kriterien, wird die Kategorie Mineralwasser ausgewählt, da Mineralwasserflaschen über eine große Vielfalt an generalisierbaren Designelementen verfügen, die auch bei anderen Produktkategorien existieren (vgl. Tabelle 21), da viele reale aber unbekannte

Marken vorliegen und da Mineralwasserflaschen eine Vielzahl von visuellen und haptischen Designelementen aufweisen (vgl. Tabelle 10, 14, 16 und 23).

5.3 Repräsentative visuelle und haptische Designelemente

Zur Bestimmung der repräsentativen visuellen und haptischen Designelemente werden, nach vorheriger Durchsicht der relevanten Fachliteratur, zunächst zwei Initiallisten von grundlegenden visuellen und haptischen Designelementen entwickelt. Zu den visuellen Designelementen zählen zum Beispiel die Farbgebung, der Flaschenhals und die Größe des Etiketts, wohingegen zu den haptischen Designelementen Eigenschaften, wie Rauheit, Form und Härte zählen. Diese Initiallisten werden mit Hilfe professioneller Designer und sehbehinderter Personen erweitert.

Zur Gewinnung der Designer für die Überprüfung und Verfeinerung der visuellen Initialliste als auch für Bewertungen der visuellen Designelemente im Rahmen der ersten Studie, wird vorab ein Informationsschreiben zum Inhalt und Ziel der Expertenbefragung angefertigt. Im Anschluss daran werden per Internetrecherche führende Werbe- und Designagenturen identifiziert, die sich unter anderem auf den Bereich des Verpackungsdesigns spezialisiert haben. Um die Ansprechpartner der Werbe- und Designagenturen ausfindig zu machen und zu kontaktieren, wird gezielt die Business-Networking-Plattform Xing genutzt. Per E-Mail oder Post wird den Experten das Informationsschreiben, verbunden mit der Bitte an der Befragung teilzunehmen, zugesendet. Auf diese Weise werden 28 Designer rekrutiert, wobei diese nicht alle aus verschiedenen Agenturen stammen, sondern teilweise auch derselben Agentur angehören. Fünf dieser professionellen Designer werden gebeten, die primären differenzierenden visuellen Designelemente im Allgemeinen und im Speziellen von Mineralwasserflaschen aufzuführen und die visuelle Initialliste auf Verständlichkeit und Vollständigkeit hin zu kontrolliert. Die überarbeitete Version der Initialliste bildet schließlich die visuelle Beurteilungsskala, bestehend aus 25 visuellen Designelementen (vgl. Tabelle 8). Diese Skala dient als Messinstrument der ersten Studie, um die Expertenbewertungen der visuellen Designelemente der Stimuli zu erfassen.

Die Rekrutierung der Sehbehinderten, für die Erstellung der haptischen Bewertungsskala und die Bewertungen der haptischen Designelemente im Rahmen der ersten Studie, erweist sich sehr viel schwieriger. Folgende Kommunikationswege werden genutzt, um auf die vorliegende Forschungsarbeit aufmerksam zu machen und sehbehinderte Personen zur Teilnehme an dieser Studie zu überzeugen: Institut für barrierefreie Kommunikations- und Informationstechnologie, Vereine und Verbände für Blinde und Sehbehinderte, Regionale Tageszeitungen und Radiosendungen. Das Institut sowie die Radiosendungen werden persönlich aufgesucht, um direkt mit den Sehbehinderten in Kontakt zu treten. In den Tageszeitungen erscheinen Artikel, die über Inhalt und Ziel der Studie informieren, verbunden mit dem Aufruf zur Teilnahme von Sehbehinderten an der Studie. Die Vereine und Verbände unterstützen diese Forschungsarbeit unter anderem dadurch, dass sie Aufrufen auf deren Homepages platzieren, um deren Mitglieder über das Forschungsvorhaben zu informieren und zu motivieren, daran teilzunehmen. Über diese unterschiedlichen Kommunikationskanäle werden insgesamt 13 sehbehinderte Personen rekrutiert. Nach der Herstellung des ersten Kontaktes zu diesen Personen (zumeist per E-Mail und Telefon) werden Treffpunkte mit ihnen vereinbart (z.B. Bahnhof, bekannte Gebäude oder Plätze). Die Sehbehinderten werden entweder persönlich von diesen Treffpunkten abgeholt und zum Befragungsstandort transportiert, oder aber die zu untersuchenden Stimuli werden direkt zum verabredeten Treffpunkt gebracht. Um die haptischen Initialliste zu prüfen und zu verfeinern, werden diese von drei der teilnehmenden Sehbehinderten auf Verständlichkeit und Vollständigkeit hin untersucht. Hierfür bekommen die Experten die Möglichkeit, alle Untersuchungsstimuli in die Hand zu nehmen und somit die Vielfalt an haptischen Designelementen wahrzunehmen. Danach werden sie gebeten die primären differenzierenden haptischen Designelemente im Allgemeinen und im Speziellen von Mineralwasserflaschen aufzuzählen. Im Anschluss daran wird ihnen die Initialliste der haptischen Designelemente vorgelesen. Die abgegebenen Kommentare (Ergänzungen und Verbesserungsvorschläge) werden notiert, analysiert und in die Initialliste eingearbeitet. Die endgültige haptische Beurteilungsskala setzt sich aus 15 haptischen Designelementen zusammen (vgl. Tabelle 9). Diese Skala wird in der ersten Studie genutzt, um die haptischen Designelemente der Stimuli zu bewerten.

Tabelle 8: Bewertungsskala der visuellen Designelemente (in Anlehnung an Orth und Malkewitz 2008)

		1	2	3	4	5	6	7		
Flaschen - Farbe	nicht natürlich	○	○	○	○	○	○	○	natürlich	
Flaschen - Symmetrie	unsymmetrisch	○	○	○	○	○	○	○	symmetrisch	
Flaschen - Silhouette	gewöhnlich	○	○	○	○	○	○	○	einzigartig	
Flaschen - Hals	kurz	○	○	○	○	○	○	○	lang	
Flaschen - Gewicht	leicht	○	○	○	○	○	○	○	schwer	
Flaschen - Relief	gar nicht ausgeprägt	○	○	○	○	○	○	○	sehr stark ausgeprägt	
Markennamen/Logo - Größe	klein	○	○	○	○	○	○	○	groß	
Markennamen/Logo - Position auf der Flasche	tief	○	○	○	○	○	○	○	hoch	
Markenname/Logo - Hintergrund - Kontrast	hoch	○	○	○	○	○	○	○	gering	
Farbgebung insgesamt* - Natürlichkeit	nicht natürlich	○	○	○	○	○	○	○	natürlich	
Farbgebung insgesamt* - Harmonie	nicht harmonisch	○	○	○	○	○	○	○	harmonisch	
Abbildung - Bezug zur Natur	schwach	○	○	○	○	○	○	○	stark	○ keine Abbildung
Abbildung - Bild/Hintergrund - Kontrast	hoch	○	○	○	○	○	○	○	gering	○ keine Abbildung
Abbildung - Detailliertheit	gering	○	○	○	○	○	○	○	stark	○ keine Abbildung
Abbildung - Größe	klein	○	○	○	○	○	○	○	groß	○ keine Abbildung
Etikett - Strukturierung	gering	○	○	○	○	○	○	○	stark	○ kein Etikett
Etikett - Detailliertheit	gering	○	○	○	○	○	○	○	stark	○ kein Etikett
Etikett - Anteil des Etiketts an der Gesamtoberfläche der Flasche	gering	○	○	○	○	○	○	○	hoch	○ kein Etikett
Etikett - Symmetrie	unsymmetrisch	○	○	○	○	○	○	○	symmetrisch	○ kein Etikett
Hauptetikett - Position auf der Flasche	tief	○	○	○	○	○	○	○	hoch	○ kein Etikett
Schriftart - Verspieltheit	nicht verspielt	○	○	○	○	○	○	○	sehr verspielt	
Schriftart - Natürlichkeit	organisch	○	○	○	○	○	○	○	geometrisch	
Schriftart - Harmonie	nicht harmonisch	○	○	○	○	○	○	○	harmonisch	
Schriftart - Ausgestaltung	schlicht	○	○	○	○	○	○	○	aufwändig	
Schriftart - Gewicht	leicht	○	○	○	○	○	○	○	schwer	

* Flasche + Etikett + Verschluss

Tabelle 9: Bewertungsskala der haptischen Designelemente (eigene Darstellung)

			1	2	3	4	5	6	7	
Temperatur		kalt	○	○	○	○	○	○	○	warm
Textur	Etikett	glatt	○	○	○	○	○	○	○	rau
	Flasche	glatt	○	○	○	○	○	○	○	rau
	Flasche	eben	○	○	○	○	○	○	○	uneben
	Flasche	unstrukturiert	○	○	○	○	○	○	○	strukturiert
Konsistenz		weich	○	○	○	○	○	○	○	hart
		elastisch	○	○	○	○	○	○	○	unelastisch
Griffmulde	Ausprägung	nicht vorhanden	○	○	○	○	○	○	○	stark ausgeprägt
	Position (wenn vorhanden)	hoch	○	○	○	○	○	○	○	tief
Form	Körper Ø horizontal	rund	○	○	○	○	○	○	○	eckig
	Kanten vertikal	abgerundet	○	○	○	○	○	○	○	kantig
Gewicht		leicht	○	○	○	○	○	○	○	schwer
Größe		klein	○	○	○	○	○	○	○	groß
		dünn	○	○	○	○	○	○	○	dick

5.4 Studie 1

5.4.1 Ziel

In Rahmen der ersten Studie wird zunächst die Existenz generischer visueller und haptischer Designfaktoren geprüft. Anschließend wird untersucht, ob es allgemein gültige Prototypen bimodaler Verpackungsdesigns gibt, die sich hinsichtlich ihrer spezifischen generischen visuellen und haptischen Designfaktoren voneinander unterscheiden. Somit verfolgt die erste Studie das Ziel, These 1 zu testen (siehe Abbildung 6).

Abbildung 6: Untersuchungsmodell der 1. Studie (eigene Darstellung)

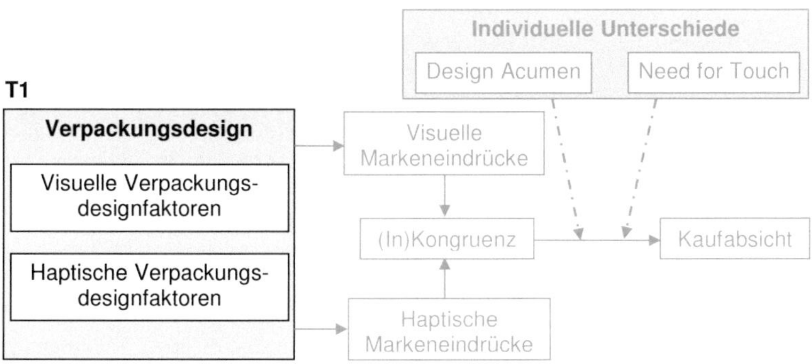

5.4.2 Vorgehensweise

Die Auswahl der Untersuchungsstimuli richtet sich nach Henderson et al. (2003) und Orth und Malkewitz (2008). Es wird darauf geachtet, dass die Verpackungsdesigns der Mineralwässer die volle Bandbreite an Designelementen der beiden zuvor abgeleiteten Listen abdecken und, dass die Marken den Konsumenten möglichst unbekannt sind. Letztendlich werden 98 Mineralwasserdesigns selektiert, die von unterschiedlichen inländischen und ausländischen Produzenten oder Einzelhändlern stammen. Die Mehrzahl der Flaschen wird von nationalen Mineralwasserherstellern gesponsert oder bei verschiedenen Getränkehändlern käuflich erworben. Elf besonders exquisite Mineralwassermarken mit sehr extremen Ausprägungen bezüglich der visuellen und haptischen Designelemente, wie z.B. die Marken OGO und Elsenham (vgl. Tabelle 10), werden per Internet bestellt.

Tabelle 10: Beispiele internationaler Mineralwasserflaschen (eigene Darstellung)

5.4.3 Messungen

Die Stimuli, die den Designern zur Bewertung vorgelegt werden, bestehen aus hochauflösenden Digitalfotos der Verpackungen. Diese werden in einem professionellen Fotostudio angefertigt. Das höchste Verpackungsdesign dient als Kalibrierungsnorm und alle Fotos werden mit Objekt und Kamera am gleichen Ort bei gleichen Bedingungen (d.h. Beleuchtung, Zeitablauf etc.) aufgenommen.

Achtundzwanzig professionelle Designer bewerten die visuellen Designelemente der ausgewählten Stimuli anhand einer 7-Punkte-Skala eines semantischen Differenzials (vgl. Tabelle 8). Jeder Designer bewertet maximal 30 zufällig ausgewählte Stimuli. Die Bilder der Verpackungsdesigns und die Bewertungsskalen werden den Experten per E-Mail zugesandt. Die Auskunftspersonen werden gebeten, die Bewertungsskalen auszudrucken, so dass sie die Möglichkeit haben, sich die Bilder der Verpackungsdesigns einzeln auf dem Bildschirm anzuschauen und sie während dessen zu bewerten. Insgesamt werden von den professionellen Designern 20.450 individuelle Bewertungen eingereicht (circa acht Designer pro Stimulus). Die deskriptive Statistik der Bewertungsergebnisse der visuellen Designelemente ist in Tabelle 11 dargestellt.

Um die Bewertungen der haptischen Designelemente zu erhalten, wird eng mit 13 sehbehinderten Personen zusammengearbeitet. Mehrere Studien haben gezeigt, dass visuell eingeschränkte Personen in der Anwendung ihres Tastsinnes versierter sind, als visuell uneingeschränkte Personen, aufgrund der so genannten Sinneskompensation. Ein Defizit in einem sensorischen System (hier: Sehsinn) wird demnach durch eine Sensitivitätsverbesserung in einem anderen sensorischen System (hier: Tastsinn) ausbalanciert. Aufgrund dessen besitzen Sehbehinderte die Fähigkeit, bereits kleinste haptische Unterschiede aufzuspüren (vgl. z.B. Goldreich und Kanics 2006; Heller 1991; Lai und Chen 2006).

Keiner der Befragten hat irgendwelche bekannten geistigen Defizite oder körperliche Beeinträchtigungen, außer der Sehbehinderung. Angeleitet durch einen wissenschaftlichen Assistenten bewertet jede der visuell eingeschränkten Personen nicht mehr als 65 Stimuli über einen Zeitraum von mehreren Stunden mit unterbrechenden Pausen. Die Befragten haben die Möglichkeit, die Stimuli ganzheitlich abzutasten. Faktisch befühlen sie den Verschluss, den Boden und die Seiten, d.h. alle Dimensionen des Stimulus. Die Reihenfolge der Präsentation der Stimuli ist ausgeglichen, wobei die Wasserflaschen einzeln nacheinander vorgelegt werden. Die Sehbehinderten bewerten die haptischen Designelemente verbal, basierend auf einer 7-Punkte-Skala eines semantischen Differenzials und die Experimentatoren notierten die gegebenen Antworten (vgl. Tabelle 9). Insgesamt werden auf diese Weise 11.760 individuelle Bewertungen gewonnen (circa acht Bewertungen pro Stimulus). Das Feedback der Befragten während und nach den Sitzungen lässt darauf schließen, dass sie viel Freude daran haben, ihren Beitrag zur Forschungsarbeit zu leisten. Die deskriptive Statistik der Bewertungsergebnisse der haptischen Designelemente ist in Tabelle 11 dargestellt.

Tabelle 11: Visuelle und haptische Designelemente und deren Expertenbewertungen (eigene Berechnung)

Visuelle Designelemente (Ausprägungen)	M	SD	Haptische Designelemente (Ausprägungen)	M	SD
Flasche - Farbe (nicht natürlich-natürlich)	5,25	1,30	Temperatur* (kalt-warm)	2,86	1,65
- Symmetrie (asymmetrisch-symmetrisch)	5,18	1,03	Flasche - Oberfläche (glatt-rau)	1,44	0,62
- Silhouette (gewöhnlich-einzigartig)	4,55	1,46	- Ebenheit (eben-uneben)	2,72	1,38
- Hals (kurz-lang)	3,34	1,57	- Struktur (unstrukturiert-strukturiert)	3,21	1,34
- Gewicht (leicht-schwer)	3,88	1,11	- Härte (weich-hart)	5,80	1,89
- Relief (gar nicht ausgeprägt-sehr stark ausgeprägt)	3,36	1,94	- Elastizität (elastisch-unelastisch)	5,79	1,89
			- Gewicht (leicht-schwer)	3,83	1,59
Markenname/Logo - Größe (klein-groß)	4,06	1,21	- Höhe (klein-groß)	3,98	1,67
- Position auf der Flasche (tief-hoch)	3,84	1,28	- Umfang (dünn-dick)	3,55	1,18
- Kontrast (hoch-gering)	3,18	1,34	- Exakte Form (abgerundet-kantig)	2,55	1,13
Farbgebung- Natürlichkeit (nicht natürlich-natürlich)	4,32	1,17	- Globale Form (rund-eckig)	2,53	1,15
			Etikett(en) - Oberfläche (glatt-rau)	2,60	0,95
- Harmonie (nicht harmonisch-harmonisch)	4,45	1,00	Griffmulde - Ausprägung (nicht vorhanden-stark ausgeprägt)	2,05	1,51
Abbildung(en) - Detailliertheit (gering-stark)	3,89	1,14			
- Bild/Hintergrund-Kontrast (hoch-gering)	4,19	1,06	- Position (hoch-tief)	3,66	0,57
- Größe (klein-groß)	3,37	0,96			
- Bezug zur Natur (schwach-stark)	3,55	1,25			
Etikett(en) - Detailliertheit (gering-stark)	3,60	0,98			
- Strukturierung (gering-stark)	3,98	0,86			
- Anteil Etikett an Gesamtoberfläche (gering-hoch)	3,81	1,09			
- Symmetrie (unsymmetrisch-symmetrisch)	4,77	0,92			
Hauptetikett - Position (tief-hoch)	3,63	1,21			
Schriftart - Verspieltheit (nicht verspielt-sehr verspielt)	3,17	1,23			
- Natürlichkeit (organisch-geometrisch)	4,32	0,90			
- Harmonie (nicht harmonisch-harmonisch)	4,79	0,92			
- Ausgestaltung (schlicht-aufwändig)	3,32	0,89			
- Gewicht (leicht-schwer)	3,83	0,91			

* Alle Stimuli hatten Raumtemperatur. Die Temperaturschwankungen sind bedingt durch die verwendeten Materialien.

5.4.4 Ergebnisse

In Anlehnung an bereits etablierte Verfahren der Designforschung (Henderson und Cote 1998; Henderson et al. 2003; Henderson, Giese und Cote 2004; Orth und Malkewitz 2008) werden die Analysen auf der Stimulus-Ebene, statt auf der Ebene der individuellen Bewertungen, ausgeführt. Um für jeden Stimulus den Wert für ein spezifisches visuelles oder haptisches Element zu erhalten, werden die individuellen Bewertungen der Verpackungsdesigns gemittelt. Daher entsprechen die Untersuchungseinheiten den einzelnen Verpackungsdesigns und die Stichprobengröße der Anzahl der Designs (hier: 98).

Der erste Analyseschritt dient dazu, generische visuelle und haptische Designfaktoren zu identifizieren, basierend auf den Ähnlichkeiten innerhalb der 25 visuellen und 14 haptischen Elemente der 98 Stimuli. Mittels Varimax-Rotation und Hauptkomponentenanalyse werden im Rahmen einer explorativen Faktorenanalyse nach dem Kaiser-Kriterium die Faktoren identifiziert, die entscheidend zur Differenzierung der Verpackungsdesigns beitragen (Henderson, Giese und Cote 2004; Orth und Malkewitz 2008). Die beiden Gruppen der visuellen und haptischen Designelemente werden separat analysiert, um sicher zu stellen, dass generalisierbare Dimensionen identifiziert werden und somit an vorherige Forschungen anzuknüpfen. Fehlende Werte, die bei bestimmten Items dadurch auftreten, dass einzelne Flaschen kein Etikett und/oder aber keine Abbildung aufweisen, werden durch die Mittelwerte der zugehörigen Items ersetzt.

Bei der explorativen Faktorenanalyse der visuellen Designelemente (siehe Tabelle 13) lassen sich acht Faktoren extrahieren, die gemeinsam 74,5 Prozent der Varianz der Items erklären. Fast alle betrachteten Items können eindeutig einem Faktor zugeordnet werden, nachdem deren Faktorladungen $\geq 0{,}5$ sind. Das Item „Markenname/Logo – Größe" lädt sowohl auf den Faktor Größe, als auch auf den Faktor Gewicht und wird daher bei der Interpretation beider Faktoren berücksichtigt. Die resultierenden Faktoren ähneln den Ergebnissen von Orth und Malkewitz (2008), die diese Analyse bei den visuellen Designelementen von Weinflaschen durchgeführt haben. Im Speziellen zählen zu den Faktoren, die in beiden Studien gefunden werden: der Faktor *Natürlichkeit* [Natürlichkeit der Farbgebung, Natürlichkeit der Flaschenfarbe, Abbildungen von

Natur, einzigartige Silhouette], der Faktor *Harmonie* [geringer Abbildungs-Hintergrund-Kontrast und Markenname/Logo Kontrast, harmonisches Farbschema], der Faktor *Aufwand* [Details (Abbildung/en und Etikett/en), Strukturierung (Etikett/en)], der Faktor *Größe* [Abdeckungsgrad (Etikett/en), Größe der Abbildung/en], der Faktor *Symmetrie* [Symmetrie (Flasche und Etikett/en), geringe Ausprägung des Reliefs], der Faktor *Komprimierung* [kurzer Flaschenhals, Markenname/Logo und Hauptetikett hoch auf der Flasche positioniert] und der Faktor *Gewicht* [schwere Flasche, schwere Schriftart und große Markennamen/Logos]. Zusätzlich wird der Faktor *Schriftart* identifiziert, der die Verspieltheit, Natürlichkeit, Ausgestaltung und Einheitlichkeit der Schriftart umfasst. Tabelle 12 vergleicht die in dieser Forschungsarbeit identifizierten visuellen Designfaktoren mit denen vorheriger Studien.

Tabelle 12: Vergleich der bisherigen visuellen Designfaktoren mit den Ergebnissen dieser Studien (eigene Darstellung)

	Henderson und Cote (1998)	**Hender-son et al. 2003**	**Henderson, Giese und Cote (2004)**	**Orth und Malkewitz (2008)**	**Vorliegende Arbeit**
Stimuli	Logos	Logos	Schriftarten	Verpa-ckungen	Verpackun-gen
Natürlichkeit	x	x	x	x	x
Harmonie	x	x	x	x	x
Aufwand	x	x	x	x	x
Komprimierung			x	x	x
Verspieltheit			x	x	
Gewicht			x	x	x
Größe				x	x
Symmetrie				x	x
Schriftart					x

Wie der Tabelle 12 zu entnehmen, wird in der vorliegenden Forschungsarbeit, kein Faktor für Verspieltheit nachgewiesen, aber dafür der Faktor Schriftart. Dies könnte möglicherweise auf die Produktkategorie zurückzuführen sein, da z.B. beim Weinflaschen, wie von Orth und Malkewitz (2008) untersucht, sehr viel mehr verspielte Details vorliegen als bei Mineralwasserflaschen z.B. Verschlusskapseln, Auszeichnungen, Ornamente, Halsetiketten etc.. Die beiden Items zur Messung der Verspieltheit, nämlich „Verspieltheit der Schrift" und „Flaschen-Relief" laden bei der vorliegenden Arbeit nicht auf einem Faktor, sondern teilen sich auf die beiden Faktoren Symmetrie und Schriftart auf.

Die Durchführung der explorativen Faktorenanalyse bei den haptischen Designelementen deckt vier Faktoren auf, die gemeinsam 79,3 Prozent der Gesamtvarianz der untersuchten Items erklärt. Von den insgesamt 14 Items können 13 Items eindeutig einem Faktor zugeordnet werden. Ein Item „*Griffmulde-Position*" muss aus der weiteren Analyse ausgeschlossen werden, da dessen Faktorladung bei allen Faktoren unter 0,5 liegt[5]. Die Ergebnisse der explorativen Faktorenanalyse der haptischen Designelemente sind ebenfalls in Tabelle 13 aufgeführt. Der erste Faktor *Größe* beinhaltet das Gewicht, die Höhe und den Umfang der Flasche. Der zweite Faktor *Konsistenz* umfasst die Elastizität und Härte der Flasche ebenso, wie die Oberflächenbeschaffenheit des Etiketts und die Temperatur. Der dritte Faktor *Form* setzt sich aus der globalen und exakten Form zusammen und der letzte Faktor *Textur* aus der Ebenheit, Struktur und Oberflächenbeschaffenheit der Flasche und dem Grad der Griffmuldenausprägung. Diese vier haptischen Dimensionen stimmen eng mit den vier Kategorien der Explorationsprozeduren von Lederman und Klatzky (1987) überein: *seitliche Bewegung*, um die Textur zu entschlüsseln, *Druck*, zur Wahrnehmung der Härte, *Nachverfolgen der Konturen*, zur Wahrnehmung der Form und *Umschließen,* um die Größe zu erfassen. Die Faktoren *Konsistenz*, *Textur* und *Form* ähneln ebenfalls den von Meyer (2001) nachgewiesenen Wahrnehmungsdimensionen. Eine anschließende konfirmatorische Faktorenanalyse bestätigt die Eignung der Vier-Faktor-Struktur (CFI = ,94).

5 Bei den im Unterabschnitt 5.5.4 durchgeführten schrittweisen Regressionsanalysen wird dieses Item jedoch wieder mit einbezogen.

Tabelle 13: Ergebnisse der explorativen Faktoranalysen der visuellen und haptischen Designelemente (eigene Berechnungen)

Faktor	Elemente	Ausprägungen	Ladung	α
Natürlichkeit	Farbgebung	(nicht natürlich-natürlich)	,88	,73
	Flaschenfarbe	(nicht natürlich-natürlich)	,76	
	Abbildung(en) von Natur	(schwach ausgeprägt-stark ausgeprägt)	,63	
	Flaschen-Silhouette	(gewöhnlich-einzigartig)	,60	
Harmonie	Markenname/Logo-Kontrast	(hoch-gering)	,86	,82
	Bild/Hintergrund-Kontrast	(hoch-gering)	,62	
	Farbgebung	(nicht harmonisch-harmonisch)	,54	
Aufwand	Etikett-Detailliertheit	(gering-stark)	,88	,78
	Etikett-Strukturierung	(gering-stark)	,87	
	Abbildung-Detailliertheit	(gering-stark)	,72	
Größe	Etikett-Abdeckungsgrad	(gering-hoch)	,75	,70
	Abbildung-Größe	(klein-groß)	,72	
	Markenname/Logo-Größe	(klein-groß)	,57	
Symmetrie	Flaschen-Symmetrie	(unsymmetrisch-symmetrisch)	,90	,75
	Flaschen-Relief	(nicht ausgeprägt-stark ausgeprägt)	-,84	
	Etikett-Symmetrie	(nicht symmetrisch-symmetrisch)	,58	
Komprimierung	Markenname/Logo-Position	(tief-hoch)	,93	,75
	Hauptetikett-Position	(tief-hoch)	,90	
	Flaschen-Hals	(kurz-lang)	-54	
Gewicht	Flaschen-Gewicht	(leicht-schwer)	,85	,71
	Schriftart-Gewicht	(leicht-schwer)	,70	
	Markenname/Logo-Größe	(klein-groß)	,67	
Schriftart	Verspieltheit	(nicht verspielt-sehr verspielt)	-,82	,86
	Natürlichkeit	(organisch-geometrisch)	,85	
	Ausgestaltung	(schlicht-aufwändig)	-,87	
	Harmonie	(nicht harmonisch-harmonisch)	,78	
Größe	Flaschen-Gewicht	(leicht-schwer)	,98	,94
	Flaschen-Höhe	(klein-groß)	,97	
	Flaschen-Umfang	(dünn-dick)	,89	
Konsistenz	Flaschen-Elastizität	(elastisch-unelastisch)	,92	,91
	Flaschen-Konsistenz	(weich-hart)	,92	
	Temperatur	(kalt-warm)	-,92	
	Etikett-Oberfläche	(glatt-rau)	,66	
Form	Globale Flaschenform	(rund-eckig)	,98	,98
	Exakte Flaschenform	(abgerundet-kantig)	,97	
Textur	Flaschen-Ebenheit	(eben-uneben)	,95	,82
	Flaschen-Struktur	(unstrukturiert-strukturiert)	,94	
	Griffmulde-Ausprägung	(nicht vorhanden-stark ausgeprägt)	,56 ,53	
	Flaschen-Oberfläche	(glatt-rau)		

Um holistische Typen von Verpackungsdesigns anhand der Ähnlichkeiten (und Unähnlichkeiten) zwischen den visuellen und haptischen Faktoren zu identifizieren, wird eine hierarchische Clusteranalyse durchgeführt (Orth und Malkewitz 2008). Mittels der Ward-Methode mit dem Maß des quadrierten euklidischen Abstands werden fünf Cluster ermittelt, die die Daten am besten beschreiben. Der Fokus liegt dabei in erster Linie darauf, möglichst allgemeingültige Typen zu identifizieren.

Um zu bestimmen, durch welche Designfaktoren sich die einzelnen Cluster voneinander differenzieren, wird eine Varianzanalyse (ANOVA) durchgeführt. Die einzelnen Designfaktoren gehen als abhängige Variablen in die Analyse ein und die Designtypen als unabhängige Variable. Zusätzlich werden einzelne T-Tests durchgeführt, um zu bestimmen, welche clusterspezifischen Faktorwerte signifikant größer oder kleiner sind, als der Gesamtmittelwert aller Cluster. Tabelle 14 zeigt die Ergebnisse dieser Analysen sowie clusterspezifische Beispiele von Verpackungsdesigns.

Tabelle 14: Holistische Verpackungsdesigns und deren differenzierende Faktoren (eigene Berechnungen)*

Designfaktor	Holistischer Designtyp					M	*p*
	Modern (N =18)	Big Grip (N = 20)	Prototyp-Klein (N = 16)	Boxy Billboards (N = 8)	Prototyp-Groß (N = 36)		
Konsistenz	$5,38^{+}$	$2,94^{-}$	$5,66^{+}$	$2,20^{-}$	$5,84^{+}$	4,84	*,000*
Größe (Haptik)	$3,07^{-}$	$4,48^{+}$	$1,83^{-}$	3,58	$4,68^{+}$	3,79	*,000*
Textur	$1,43^{-}$	$3,17^{+}$	$2,86^{+}$	3,37	2,19	2,46	*,000*
Form	2,18	$1,99^{-}$	2,94	$5,05^{+}$	$2,29^{-}$	2,54	*,000*
Natürlichkeit	$5,11^{+}$	4,09	4,27	4,56	4,29	4,42	*,011*
Schriftart	$5,27^{+}$	4,48	$4,25^{-}$	4,76	4,57	4,66	*,003*
Harmonie	4,39	$3,53^{-}$	3,98	3,54	4,01	3,94	*,015*
Aufwand	$3,17^{-}$	3,59	4,14	3,90	4,07	3,82	*,003*
Größe (Optik)	3,38	3,86	$3,18^{-}$	4,24	3,57	3,59	*,019*
Symmetrie	$5,67^{+}$	$4,19^{-}$	4,40	4,52	4,97	4,85	*,000*
Komprimierung	4,08	$4,67^{+}$	$3,10^{-}$	$5,28^{+}$	3,83	4,05	*,000*
Gewicht	$3,33^{-}$	4,17	$3,10^{-}$	3,99	$4,43^{+}$	3,93	*,000*

* +: Clustermittelwerte sind signifikant größer als der Gesamtmittelwert ($p<,05$).
-: Clustermittelwerte sind signifikant kleiner als der Gesamtmittelwert ($p<,05$).
Anmerkung: In den Tabellen wird Prototyp als Abkürzung für „Prototypisch" verwendet.

Das erste Cluster, *Modern*, besteht aus 18 Verpackungsdesigns. Dieses Cluster differenziert sich von den anderen Clustern durch eine überdurchschnittliche Härte, Natürlichkeit, Schriftart und Symmetrie und durch eine unterdurchschnittliche (haptische) Größe, Textur und Aufwändigkeit sowie durch ein unterdurchschnittliches Gewicht. Insgesamt kann dieses prototypisch holistische Design als zeitgemäß, niveauvoll und rein beschrieben werden. Typische *Moderne* Designs sind Ogo, Tau und Voss. Das zweite Cluster, *Big Grip*, umfasst 20 Designs. Diese zeichnen sich durch eine überdurchschnittliche (haptische) Größe, Textur und Komprimierung und eine unterdurchschnittliche Härte, Form, Harmonie und Symmetrie aus. Verpackungsdesigns dieser Gruppe können als griffig, ergonomisch und kontrastierend beschrieben werden. Beispiele hierfür sind Black Forest, Contrex und Aquintéll. Das dritte Cluster, bezeichnet als *Prototypisch-Klein*, setzt sich aus 16 Verpackungsdesigns zusammen und unterscheidet sich gegenüber den anderen Verpackungstypen durch eine überdurchschnittliche Härte und Textur und eine unterdurchschnittliche (visuelle und haptische) Größe, Schriftart und Komprimierung sowie ein unterdurchschnittliches Gewicht. Insgesamt können diese holistischen Designs als zierlich, fein und stilvoll beschrieben werden. Zu den *Prototypisch-Kleinen* Verpackungsdesigns zählen z.B. Carolinen Brunnen, Tönissteiner und Förstina. Die vierte Gruppe, *Boxy Billboards*, ist die kleinste Gruppe mit acht Designs. Eine unterdurchschnittliche Härte und überdurchschnittliche Form und Komprimierung differenzieren dieses Cluster von den anderen Clustern. Diese Faktoren zeichnen holistische Designtypen aus, die als weich und kastenförmig beschrieben werden können. Beispiele hierfür sind Can-Tell, Fiji und Apollinaris Silence. Das letzte Cluster, *Prototypisch-Groß*, ist die größte Gruppe der Stichprobe mit 36 Designs. Zur Differenzierung tragen bei diesem Cluster eine überdurchschnittliche Härte und (haptische) Größe, ein überdurchschnittliches Gewicht sowie eine unterdurchschnittliche Form bei. Insgesamt können diese Verpackungsdesigns als massiv, robust und kräftig beschrieben werden. Typische Beispiele sind große 1 Liter Flaschen der Marken S. Pellegrino, Hornberger Lebensquell und Pineo.

5.4.5 Diskussion der Ergebnisse

Zusammengefasst zeigen die Ergebnisse der ersten Studie, dass sowohl generisch visuelle, als auch generisch haptische Designfaktoren existieren, die sich aus spezifischen visuellen und haptischen Designelementen zusammensetzen. Im vorherigen Unterabschnitt wird zwar häufig der Begriff Flasche zur anschaulicheren Beschreibung der Faktoren verwendet, bei den Designfaktoren handelt es sich jedoch um generalisierbare Faktoren, die auch bei anderen Produktkategorien vorzufinden sind (siehe dazu Tabelle 21 auf S. 106f.).

In der ersten Studie wird zudem belegt, dass es fünf allgemein gültige Prototypen bimodaler Verpackungsdesigns gibt, die sich durch spezifische generische visuelle und haptische Designfaktoren differenzieren: *Modern*, *Big Grip*, *Prototypisch-Klein*, *Boxy Billboards* und *Prototypisch-Groß*. Somit wird die erste These bestätigt und der Nachweis erbracht, dass, aufbauend auf den Erkenntnissen von Orth und Malkewitz (2008), sich Verpackungsdesigns nicht nur durch ihre spezifische Kombination an generisch visuellen, sondern auch generisch haptischen Designfaktoren voneinander unterscheiden.

Die von Orth und Malkewitz (2008) identifizierten unimodalen (visuellen) Designtypen (vgl. Abschnitt 3.1 und Unterabschnitt 4.2.1) unterscheiden sich sehr stark von den in dieser Studie aufgedeckten bimodalen Designtypen (siehe Tabelle 15). Dies ist zum einen auf die unterschiedlichen Produktkategorien zurückzuführen (Wein vs. Mineralwasser) und zum anderen darauf, dass Orth und Malkewitz (2008) unimodale (visuelle) Verpackungsdesign untersuchen, wohingegen in der vorliegenden Arbeit bimodale (visuell-haptische) Designs analysiert werden.

Tabelle 15: Unimodale und bimodale holistische Verpackungsdesigns

Unimodale (visuelle) holistische Verpackungsdesigns (Orth und Malkewitz 2008, S.71)

	Natürlich	Kontrastreich	Zart	Unauffällig	Massiv
Beispiele	 	 	 	 	 

Fortsetzung auf nächster Seite

Bimodale (visuell-haptische) holistische Verpackungsdesigns (eigene Darstellung)

	Modern	Big Grip	Prototyp-Klein	Boxy Billboards	Prototyp-Groß
Beispiele	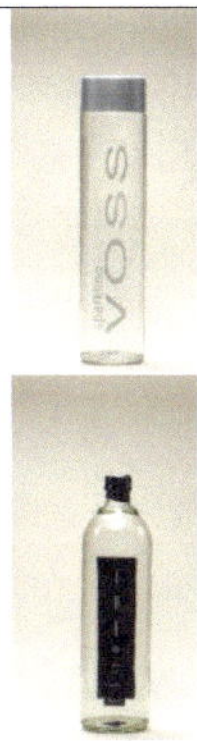	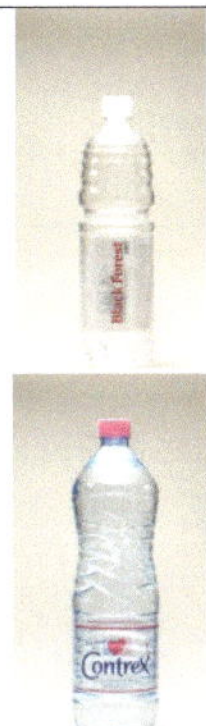			

Um die von Orth und Malkewitz (2008) identifizierten visuellen Designtypen besser mit den im Rahmen dieser Arbeit identifizierten Typen vergleichen zu können, werden, nach dem gleichen Verfahren, wie bei der Identifizierung der bimodalen Designtypen (vgl. Seite 77), noch weitere zwei Clusteranalysen durchgeführt, eine basierend auf den haptischen und eine basierend auf den visuellen Designfaktoren, um auf diese Weise die unimodal haptischen und die unimodal visuellen holistischen Designtypen der Produktkategorie Mineralwasser zu identifizieren. Mittels der Ward-Methode mit dem Maß des quadrierten euklidischen Abstands werden fünf visuelle und fünf haptische Cluster ermittelt, die die Daten am besten beschreiben. Um die einzelnen Cluster anhand der zugrundeliegenden Designfaktoren zu beschreiben, werden Varianzanalysen (ANOVA's) durchgeführt. Die Ergebnisse dieser Analysen sind in der Tabelle 16 aufgeführt.

Tabelle 16: Unimodale (haptische und visuelle) Designtypen (eigene Berechnungen)

Designfaktor	**Haptischer Holistischer Designtyp**					**M**	***p***
	Cluster 1 (N =20)	Cluster 2 (N = 21)	Cluster 3 (N = 7)	Cluster 4 (N = 13)	Cluster 5 (N = 37)		
Konsistenz	5,22	2,81^{-}	2,77^{-}	5,85^{+}	5,82^{+}	4,84	*,000*
Größe (Haptik)	2,41^{-}	4,39^{+}	4,08	1,83^{-}	4,82^{+}	3,79	*,000*
Textur	1,77^{-}	3,21^{+}	2,86	3,07^{+}	2,11^{-}	2,46	*,000*
Form	1,88^{-}	2,15^{-}	5,67^{+}	3,23^{+}	2,28^{-}	2,54	*,000*

Beispiele

Clustername	Modern	Big Grip	Boxy Bill-boards	Prototyp-Klein	Prototyp-Groß

Designfaktor	**Visueller Holistischer Designtyp**					**M**	***p***
	Cluster 1 (N =22)	Cluster 2 (N = 12)	Cluster 3 (N = 14)	Cluster 4 (N = 40)	Cluster 5 (N = 10)		
Natürlichkeit	4,82^{+}	4,07	4,50	4,30	4,27	4,42	*,177*
Schriftart	5,11	4,76	4,71	4,44^{-}	4,34	4,66	*,026*
Harmonie	4,60^{+}	3,67	3,73	3,80	3,67	3,94	*,001*
Aufwand	3,43-	5,08^{+}	3,96	3,67	3,60	3,82	*,000*
Größe (Optik)	3,16-	4,96^{+}	3,02^{-}	3,72	3,11^{-}	3,59	*,000*
Symmetrie	5,67^{+}	5,30	5,43^{+}	4,47^{-}	3,23^{-}	4,85	*,000*
Komprimierung	4,85^{+}	4,20	2,24^{-}	3,79^{-}	5,65^{+}	4,05	*,000*
Gewicht	3,43^{-}	4,62^{+}	3,70	4,03	4,05	3,93	*,001*

Beispiele

Clustername	Natürlich	Massiv	Un-auffällig	Zart	Kontrast-reich

Es zeigt sich, dass die haptischen Designtypen den bimodalen (visuell-haptischen) Designtypen sehr ähneln. Die haptischen Designfaktoren spielen demzufolge bei der Differenzierung von Verpackungsdesigns eine entscheidende Rolle. Manager wie auch Designer sollten sich bei der Kreation von Marken somit nicht nur auf die visuellen Designelemente konzentrierten, sondern auch die haptischen Merkmale berücksichtigen.

Die in Tabelle 16 präsentierten visuellen Designtypen kommen den visuellen Designtypen von Orth und Malkewitz (2008) zwar schon sehr nahe, aber es zeigt sich wiederum der starke Einfluss der Produktkategorie. Bei der Kategorie Mineralwasser existiert ein größere Variation an Verpackungsgrößen, Materialien und Oberflächenstrukturen, als bei Wein. Wein wird überwiegend in glatten großen Glasflaschen angefüllt und nur sehr selten in PET-Flaschen oder Tetra Paks. Da der Fokus der Studie von Orth und Malkewitz (2008) nicht auf den haptischen, sondern auf den visuellen Verpackungsreizen liegt, werden bei der Studie auch keine besonders großen, kleinen, strukturierten, weichen, eckigen oder runden Stimuli untersucht. Aus diesem Grund erscheint es schwierig, die visuellen Designtypen dieser Studie mit den visuellen Designtypen der vorliegenden Arbeit zu vergleichen.

5.5 Studie 2

5.5.1 Ziel

Nachdem in der ersten Studie die Existenz bimodaler holistischer Verpackungstypen nachgewiesen worden ist, wird in der zweiten Studie getestet, ob zwischen diesen bimodalen holistischen Verpackungsdesigns und den Markeneindrücken der Konsumenten systematische Zusammenhänge vorliegen. Somit verfolgt die erste Studie das Ziel, These 2 zu testen (siehe Abbildung 7).

Abbildung 7: Untersuchungsmodell der 2. Studie (eigene Darstellung)

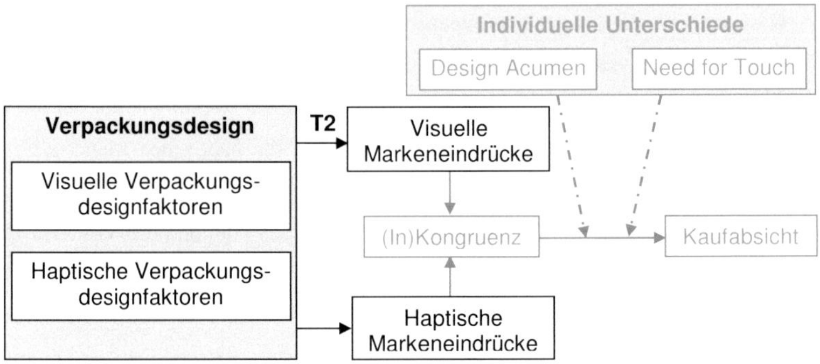

5.5.2 Vorgehensweise

In der zweiten Studie wird eine Konsumentenbefragung durchgeführt, um die durch die verschiedenen Verpackungsdesigns hervorgerufenen Markenwahrnehmungen zu messen. Die Befragten haben ein Durchschnittsalter von 34,6 Jahren und 63 Prozent sind weiblich. Um die Befragten zur Teilnahme am Experiment zu motivieren, werden Gutscheine im Wert von 5 bis 50 Euro für das Warenhaus Karstadt verlost. Insgesamt werden 39.556 individuelle Bewertungen von 137 Personen erhoben. Der Studie liegt ein Within-Subjects-Design zugrunde mit zwei Konditionen: „*Haptik*“ und „*Optik*“. Bei der ersten Kondition („*Haptik*“) werden die Probanden mit einer Augenbinde versehen und geben anschließend ihre Markenwahrnehmungen, basierend auf den haptischen Designelementen der Stimuli, an. Die Befragten haben die Möglichkeit, die Stimuli ganzheitlich abzutasten. Sie bewerten die Untersuchungsstimuli verbal und die Experimentatoren notierten die gegebenen Antworten. Die Reihenfolge der Präsentation der Stimuli ist ausgeglichen, wobei die Wasserflaschen einzeln nacheinander vorgelegt werden. Bei der zweiten Kondition („*Optik*“) geben die Probanden ihre Markenwahrnehmungen ohne Augenbinde, basierend auf den visuellen Designelementen, an. Die Probanden haben nun zu keinem Zeitpunkt die Möglichkeit, die Stimuli anzufassen. Sie können die Stimuli lediglich aus einer bestimmten festgelegten Entfernung betrachten. Um Carry-Over-Effekte zu vermeiden, wird die Reihenfolge der Stimuli variiert. Bei der zweiten Studie werden die gleichen Stimuli verwendet, wie bei der ersten Studie.

5.5.3 Messungen

Zur Messung der Variablen bzw. Konstrukte der zweiten Studie wird ausschließlich auf etablierte Skalen publizierter Studien der Marketingforschung zurückgegriffen, welche in früheren Studien bereits auf ihre Reliabilität und Validität hin geprüft worden sind. Da die verwendeten Skalen US-amerikanischen Ursprungs sind, werden die englischsprachigen Items ins Deutsche übersetzt. Die einzelnen übersetzten Skalen sowie der endgültige Fragebogen werden mit Hilfe eines Pretests mit Probanden auf ihre Verständlichkeit und praktische Handhabbarkeit hin überprüft und anschließend überarbeitet. Der endgültige Fragebogen der zweiten Studie, mit den darin enthaltenen Messskalen, ist in Abbildung 11 im Anhang aufgeführt.

Die Markenpersönlichkeit wird mit Hilfe der 15 Facetten der Markenpersönlichkeits-Skala von Aaker (1997) erfasst. Mit den erhobenen Daten der Markenpersönlichkeit wird eine konfirmatorische Faktorenanalyse[6] durchgeführt, um die generalisierbaren Reaktionsdimensionen zu erfassen und die postulierte 5-dimensionale Struktur der Markenpersönlichkeitsskala von Aaker (1997) zu bestätigen. Die Analyse ergibt fünf Faktoren, die Aaker's Markenpersönlichkeitsdimensionen entsprechen: Aufrichtigkeit, Spannung, Kompetenz, Kultiviertheit und Robustheit. Das Modellanpassung erweist sich als gut (CFI = ,91)[7] und alle Faktorladungen sind akzeptabel hoch (>0,70). In Tabelle 23 im Anhang auf Seite 150 sind die Ergebnisse der konfirmatorischen Faktorenanalyse sowie Beispiele für besonders extreme Verpackungsdesigns dargestellt. Beispielsweise wirkt die Marke OGO sowohl visuell, als auch haptisch, sehr unaufrichtig, wohingegen die Marke Pommern Quelle visuell und GMQ haptisch sehr aufrichtig wahrgenommen werden. Für die weiteren Analysen werden die Items der jeweiligen Markenpersönlichkeitsdimensionen gemittelt, um einen einzelnen Index pro Dimension zu erhalten ($\alpha_{\text{Aufrichtigkeit}}$ = ,86, α_{Spannung} = ,88, $\alpha_{\text{Kompetenz}}$ = ,88, $\alpha_{\text{Kultiviertheit}}$ = ,86, $\alpha_{\text{Robustheit}}$ = ,87).

6 Die konfirmatorische Faktorenanalye (KFA) ist ein Methode zur formalen Darstellung der Messung komplexer Konstrukte (hier: Markenpersönlichkeit) durch Indikatoren (hier: Dimensionen der Markenpersönlichkeit) und zur gleichzeitigen Gütebeurteilung der Messung. Damit ist die KFA ein sogenanntes Struktur prüfendes Verfahren und dient der Überprüfung theoretisch hergeleiteter Konstruktstrukturen (zum Verfahren vgl. Homburg, Klarmann und Pflesser 2008).

7 Der CFI (Comparative-Fit Index) ist eine Maßzahl für die Beurteilung der Modellgüte. Bei einem Wert nahe $\geq$ 0,9 kann von einem guten Modell gesprochen werden (Homburg und Baumgartner 1998).

Die wahrgenommene Qualität wird durch drei Items gemessen (Teas und Agarwal 2000), die anschließend gemittelt werden, um einen einzelnen Index zu bilden (α = ,92). Die Attraktivitätsskala besteht aus drei Items, die mit Hilfe eines 7-stufigen Semantischen Differentials gemessen werden (Hirschman 1986): attraktiv/nicht attraktiv, schön/nicht schön und begehrenswert/nicht begehrenswert. Diese Items werden ebenfalls gemittelt, um ein zusammengesetztes Maß zu bilden (α = ,97). Die Markenbekanntheit wird durch ein einzelnes Item gemessen auf einer Skala von 1 = gar nicht bekannt bis 7 = sehr bekannt. Die Mittelwerte über alle Stimuli zeigen, dass die Marken den Konsumenten im Allgemeinen nicht bekannt sind (M_{Optik}= 2,37, SD=1,60; M_{Haptik}=2,54, SD=1,10). Zur Ermittlung der Vorstellungen der Konsumenten über die sensorischen Markeneigenschaften (gesund, erfrischend, trifft meinen Geschmack) werden 7-stufige Likert-Skalen eingesetzt, vorangestellt durch die Aussagen *„Ich denke, diese Marke ist ...“* und begrenzt durch 1 = trifft voll und ganz zu bis 7 = trifft überhaupt nicht zu (Orth und De Marchi 2007).

Neben den Messungen der Markeneindrücke werden in Studie 2 ebenfalls die Kaufabsicht und die Preiserwartung erfasst. Zur Messung der Kaufabsicht werden drei Items mittels einer 7- stufigen Likert-Skala gemessen (Sweeney, Soutar und Johnson 1999) und diese drei gemessenen Items werden wiederum gemittelt, um ein zusammengesetztes Maß zu bilden (α = ,95). Die Preiserwartung wird mit Hilfe einer offenen Frage gemessen. Im Speziellen wird der erwartete Preis eines Stimulus erfasst, indem die Probanden aufgefordert werden, einzuschätzen, wie hoch der durchschnittliche Preis des dargebotenen Stimulus im Supermarkt (in Euro-Cents/Liter) wäre (Rompay und Pruyn 2008).

5.5.4 Ergebnisse

Um zu zeigen, dass die holistischen bimodalen Designtypen mit generalisierbaren Eindrücken verbunden sind, werden mehrere ANOVAs und MANOVAs durchgeführt. Die einzelnen Eindrücke bzw. Reaktionsdimensionen gehen als abhängige Variablen in die Analyse ein und die Designtypen als unabhängige Variable. Die These 2 unterstützend, unterscheiden sich die fünf holistischen Designtypen signifikant hinsichtlich der untersuchten Markeneindrücke. Dies gilt sowohl für die durch die haptischen (siehe Tabelle 17), als auch für die durch die visuellen Eigenschaften (siehe Tabelle 18) hervorgerufenen Eindrücke.

Tabelle 17: Zusammenhänge zwischen den prototypisch holistischen Verpackungsdesigns und den haptischen Eindrücken (eigene Berechnungen)*

Reaktions-dimension	**Holistischer Designtyp**					**M**	***p***
	Modern (N =18)	Big Grip (N = 20)	Prototyp-Klein (N = 16)	Boxy Bill-boards (N = 8)	Prototyp-Groß (N = 36)		
Aufrichtigkeit	4,74	**4,46**^{a}	4,69	**4,17**^{b}	**5,11**^{ab}	4,77	*,000*
Spannung	4,43	3,98^{a}	**4,81**^{ab}	4,04	4,08^{b}	4,24	*,003*
Kompetenz	**5,07**^{ab}	**4,45**^{acd}	**5,13**^{ce}	**4,23**^{bef}	4,97^{df}	4,85	*,000*
Kultiviertheit	**4,76**^{ab}	**3,24**^{acd}	**4,77**^{ce}	**3,16**^{bef}	4,41^{df}	4,19	*,000*
Robustheit	4,81^{a}	4,90	4,79^{b}	4,72	**5,36**^{ab}	5,02	*,001*
MANOVA							*,000*
Qualität	4,91	**4,63**^{a}	4,89	**4,31**^{b}	**5,27**^{ab}	4,94	*,000*
Attraktivität	**4,71**^{ab}	**3,61**^{acd}	**4,84**^{ce}	**3,46**^{bef}	4,39^{df}	4,29	*,000*
Gesund	5,12	**4,75**^{a}	4,85	4,74	**5,27**^{a}	5,02	*,002*
Erfrischend	5,38	5,10	4,25	4,91	5,37	5,26	*,049*
Lecker	5,17^{a}	**4,64**^{a}	5,02	4,75	5,03	4,95	*,016*
MANOVA							*,000*
Kaufabsicht	2,88	2,84	2,71	2,61	2,79	2,79	*,911*
Preiserwar-tung	**2,32**^{abc}	**,62**^{ade}	**2,59**^{dfg}	**,95**^{bf}	**1,33**^{ceg}	1,54	*,000*

* **Anmerkung:** Fett hervorgehobene Werte zeigen an, dass die Cluster hinsichtlich der entsprechenden Reaktion signifikant (p<,05) höhere oder geringere Mittelwerte aufweisen als die Stichprobenmittelwerte. Innerhalb der Reaktionsdimensionen deuten identische Aufschriften auf Designpaare hin, die sich, basierend auf dem Scheffe post-hoc Test, signifikant (p<,05) bezüglich dieses Faktors unterscheiden. MANOVA = Multivariate Analysis of Variance[8]

8 Als Prüfgröße für den gemeinsamen Effekt der abhängigen Variablen wird Wilks' Lambda gewählt, da es als robust gegenüber Annahmenverletzungen gilt und häufig in der Marketingforschung eingesetzt wird (Hair et al. 1998).

Tabelle 18: Zusammenhänge zwischen den prototypisch holistischen Verpackungsdesigns und den visuellen Eindrücken (eigene Berechnungen)*

Reaktions-dimension	**Holistischer Designtyp**					**M**	***p***
	Modern (N =18)	Big Grip (N = 20)	Prototyp-Klein (N = 16)	Boxy Bill-boards (N = 8)	Prototyp-Groß (N = 36)		
Aufrichtigkeit	4,69	4,56[a]	4,70	**4,04[b]**	**5,15[ab]**	4,78	*,000*
Spannung	**4,72[a]**	**3,68[ab]**	**4,67[b]**	3,80	4,11	4,20	*,000*
Kompetenz	**5,21[ab]**	**4,34[ac]**	4,94[d]	**3,97[bde]**	**5,16[ce]**	4,87	*,000*
Kultiviertheit	**4,84[ab]**	**3,22[acd]**	**4,68[ce]**	**2,82[bfe]**	**4,47[df]**	4,19	*,000*
Robustheit	4,86	4,92	**4,51[a]**	**4,62**	**5,11[a]**	4,89	*,010*
MANOVA							*,000*
Qualität	5,15[a]	**4,65[b]**	4,97	**4,25[ac]**	**5,48[bc]**	5,07	*,000*
Attraktivität	**5,15[ab]**	**3,53[acd]**	4,69[c]	3,65[be]	4,66[de]	4,44	*,000*
Gesund	5,33	4,92[a]	5,21	**4,77[b]**	**5,61[ab]**	5,28	*,002*
Erfrischend	5,39	5,03	5,29	4,96	**5,50**	5,31	*,021*
Lecker	**5,27 [a]**	4,58[ab]	4,94	**4,44**	**5,23[b]**	5,00	*,000*
MANOVA							*,000*
Kaufabsicht	2,88	2,44	2,61	2,38	2,73	2,65	*,347*
Preiserwar-tung	**2,66 [abc]**	**,66 [ade]**	**2,60 [dfg]**	**1,02 [bf]**	**1,43 [ceg]**	1,66	*,000*

* **Anmerkung:** Fett hervorgehobene Werte zeigen an, dass die Cluster hinsichtlich der entsprechenden Reaktion signifikant (p<,05) höhere oder geringere Mittelwerte aufweisen als die Stichprobenmittelwerte. Innerhalb der Reaktionsdimensionen deuten identische Aufschriften auf Designpaare hin, die sich, basierend auf dem Scheffe post-hoc Test, signifikant (p<,05) bezüglich dieses Faktors unterscheiden. MANOVA = Multivariate Analysis of Variance

Wie aus den beiden Tabellen hervorgeht, werden *Moderne* Verpackungsdesigns mit den haptischen Eindrücken Kompetenz, Kultiviertheit und Attraktivität verbunden. Basierend auf den visuellen Eigenschaften werden *Moderne* Designs zudem spannend und lecker wahrgenommen. *Big Grip* Designs werden sowohl visuell, als auch haptisch gering bewertet (hinsichtlich der Eindrücke Kompetenz, Kultiviertheit, Qualität und Attraktivität). Visuell wirken diese Designs nicht sehr spannend und haptisch weder aufrichtig, noch gesund oder lecker. *Prototypisch-Kleine* Designs werden haptisch sehr spannend, kompetent, niveauvoll und attraktiv empfunden und visuell ebenfalls sehr spannend und niveauvoll, aber nicht sehr robust. *Boxy Billboard* Designs erzielen visuell sehr geringe Werte bei den Eindrücken Aufrichtigkeit, Kompetenz, Kultiviertheit, Robustheit, Qualität, Gesundheit und Geschmack. Haptisch werden die *Boxy Billboard* Designs ähnlich wahrgenommen mit geringen Abweichungen bezüglich der Attraktivität, Robustheit, Gesundheit und des Geschmacks. Im Gegensatz zu *Boxy Billboard* Designs erhalten die *Prototypisch-Großen* Designs visuell sehr hohe Bewertungen hinsichtlich der Aufrichtigkeit, Kompetenz, Kultiviertheit, Robustheit, Qualität, Gesundheit, Erfrischung und des Geschmacks. Haptisch sind die *Prototypisch-Großen* Designs verbunden mit Eindrücken von Aufrichtigkeit und Robustheit. Zudem zeichnet sich dieser Designtyp durch eine hohe wahrgenommene Qualität und Gesundheit aus.

Wie den Tabellen 17 und 18 zusätzlich zu entnehmen ist, unterscheiden sich die fünf Designtypen sowohl visuell, als auch haptisch nicht hinsichtlich ihrer Kaufabsicht, jedoch hinsichtlich ihrer Preiserwartung. *Moderne* und *Prototypisch-Kleine* Verpackungsdesigns werden überdurchschnittlich teuer wahrgenommen, wohingegen die restlichen drei Designtypen überdurchschnittlich günstig wahrgenommen werden, vor allem die *Big Grip* Designs.

Orth und Malkewitz (2009) untersuchen in einer Studie die von Verpackungsdesigns abgeleitete konsensuelle Genauigkeit (*Consensual Accuracy*) von Markeneindrücken. Sie weisen nach, dass das Verpackungsdesign einen Einfluss auf die konsensuelle Genauigkeit einer Marke ausübt und, dass bestimmte Verpackungsdesigns mehr und andere weniger konsistent in den hervorgerufenen Eindrücken sind, wenn sie aus unterschiedlichen Entfernungen betrachtet werden. Um herauszufinden, ob die in der vorliegenden Arbeit identifizierten bimodalen Designtypen sich signifikant in ihrer Fähigkeit, konsistente Eindrücke hervorzurufen, unterscheiden, werden wiederum mehrere ANOVA's und MANOVA's durchgeführt. Als abhängige Variablen dienen hierbei die Änderungen zwischen den haptisch- und visuell-bezogenen Eindrücken und als unabhängige Variable die holistischen Designtypen (siehe Tabelle 19).

Tabelle 19: Zusammenhänge zwischen den prototypisch holistischen Verpackungsdesigns und den Differenzen zwischen den visuellen und haptischen Eindrücken (eigene Berechnungen)*

Reaktions-Dimension	Holistischer Designtyp					M	*p*
	Modern (N =18)	Big Grip (N = 20)	Prototyp-Klein (N = 16)	Boxy Bill-boards (N = 8)	Prototyp-Groß (N = 36)		
Aufrichtigkeit	-,06	,09	,01	-,12	,05	,02	*,783*
Spannung	,28	**-,30***	-,14	-,23	,03	-,04	*,107*
Kompetenz	,14	-,11	-,19	-,26	**,20***	,02	*,033*
Kultiviertheit	,08	-,02	-,09	**-,34***	,06	-,01	*,582*
Robustheit	,05	,02	-,28	-,10	-,24	-,13	*,197*
MANOVA							*,096*
Qualität	,24	,02	,08	-,07	,21	,13	*,524*
Attraktivität	**,44***	-,08	**-,15***	,19	,27	,15	*,108*
Gesund	,21	,17	,36	,03	,34	,26	*,711*
Erfrischend	,01	-,08	,04	,05	,13	,04	*,746*
Lecker	,10	-,06	-,08	-,31	**,20****	,04	*,138*
MANOVA							*,354*
Kaufabsicht	,00	-,40	-,10	-,22	-,06	-,14	*,493*
Preiserwartung	**,34****	**,04****	,00	,06	,11	,12	*,073*

* **Anmerkung**: Fett hervorgehobene Werte zeigen an, dass die Cluster hinsichtlich der entsprechenden Reaktion signifikant (*p<,10; **p<,05) höhere oder geringere Mittelwerte aufweisen als die Stichprobenmittelwerte. MANOVA = Multivariate Analysis of Variance

Die Ergebnisse in Tabelle 19 zeigen mehrere signifikante Unterschiede. Zum Beispiel beurteilen die Konsumenten *Moderne* Designs, sowohl aufgrund ihrer visuellen, als auch aufgrund ihrer haptischen Eigenschaften, als attraktiver und teurer. Auf Grundlage der haptischen (versus der visuellen) Merkmale, bewerten die Konsumenten die *Big Grip* Designs als spannender, die *Prototypisch-Kleinen* Designs als attraktiver und die *Boxy Billboard* Designs als niveauvoller. Im Gegensatz dazu werden die *Prototypisch-Großen* Designs als kompetenter und leckerer und die *Big Grip* Designs als günstiger wahrgenommen, basierend auf deren visuellen, als auf deren haptischen Designfaktoren. Zusammengefasst weisen die Ergebnisse darauf hin, dass *Moderne* und *Prototypisch-Große* Designs optisch positivere Eindrücke hervorrufen, wohingegen *Prototypisch-Kleine* und *Boxy Billboard* Designs haptisch positivere Eindrücke erzeugen.

Um Designern und Markenmanagern bei der Erstellung von Verpackungsdesigns behilflich zu sein, die bestimmte erwünschte Markeneindrücke beim Konsumenten hervorrufen, werden 24 schrittweise hierarchische Regressionsanalysen durchgeführt, wobei die visuellen und haptischen Designelementen als unabhängige Variablen und die einzelnen Markeneindrücke als abhängige Variablen in die Analysen einfließen (Henderson, Giese und Cote 2004). Ziel dieser Analysen ist es, detaillierte Richtlinien für die Entwicklung bimodaler Designs aufzuzeigen, mit deren Hilfe Markenmanager in der Lage sind, spezifische Reaktionen beim Konsumenten hervorzurufen. Die Ergebnisse zeigen signifikante Zusammenhänge zwischen den Markeneindrücken und den Designelementen (siehe Tabelle 20). Werden beispielsweise die visuellen Designelemente betrachtet, kann Aufrichtigkeit als eine Funktion aus dem visuell wahrgenommenen Flaschengewicht (,23) und dem Flaschenhals (,12) beschreiben werden, wohingegen haptisch-basierte Aufrichtigkeit eine Funktion aus Temperatur (-,16), Flaschenform (-,13) und Flaschengewicht (,07) darstellt. Wenn Manager beispielsweise eine sehr aufrichtige Marke erschaffen wollen, sollten sie demzufolge eine schwere, kalte Flasche mit einem langen Hals und abgerundeten Kanten einsetzen. Wenn hingegen eine besonders spannende Marke kreiert werden soll, wird eine dünne, strukturierte Flasche mit einer einzigartigen Silhouette empfohlen. Eine sehr teure Markenwahrnehmung wird erzeugt, durch eine kleine, kalte, symmetrische Flasche mit einem kleinen Markennamen/Logo, einer einzigartigen Silhouette und einem langen Flaschenhals.

Tabelle 20: Schrittweise Regressionsanalyse: Einfluss der visuellen und haptischen Designelemente auf die hervorgerufenen Reaktionen (eigene Berechnungen)

Abhängige Variable	Bedingung	Unabhängige Variable	Beta	Bedeutung	$R^2_{adj.}$	F	*p*
Aufrichtigkeit	Optik	Flasche-Gewicht	,227	schwer	,241	16,43	*,000*
		Flaschen-Hals	,121	lang			*,002*
	Haptik	Temperatur	-,161	kalt	,358	19,00	*,000*
		Exakte Flaschenform	-,132	abgerundet			*,001*
		Flaschen-Gewicht	,068	schwer			*,018*
Spannung	Optik	Flaschen-Silhouette	,337	einzigartig	,347	52,48	*,000*
	Haptik	Flaschen-Umfang	-,257	dünn	,262	18,22	*,000*
		Flaschen-Struktur	,179	strukturiert			*,000*
Kompetenz	Optik	Flaschen-Hals	,167	lang	,300	11,39	*,000*
		Farbgebung	,150	harmonisch			*,018*
		Flaschen-Gewicht	,143	schwer			*,011*
		Flaschenfarbe	,113	natürlich			*,020*
	Haptik	Temperatur	-,156	kalt	,295	21,27	*,000*
		Flaschen-Umfang	-,087	dünn			*,039*
Kultiviertheit	Optik	Flaschen-Hals	,289	lang	,488	31,77	*,000*
		Flaschen-Silhouette	,318	einzigartig			*,000*
		Flaschen-Gewicht	,141	schwer			*,045*
	Haptik	Temperatur	-,334	kalt	,439	38,91	*,000*
		Flaschen-Umfang	-,167	dünn			*,009*
Robustheit	Optik	Flaschen-Gewicht	,193	schwer	,163	10,44	*,000*
		Etikett-Abdeckungsgrad	,115	hoch			*,031*
	Haptik	Flaschen-Gewicht	,108	schwer	,133	8,43	*,006*
		Flaschen-Konsistenz	,089	hart			*,007*
Qualität	Optik	Flaschen-Gewicht	,259	schwer	,244	16,64	*,000*
		Flaschen-Hals	,132	lang			*,002*
	Haptik	Flaschen-Konsistenz	,166	hart	,393	21,98	*,000*
		Flaschen-Gewicht	,084	schwer			*,003*
		Griffmulde-Position	-,183	hoch auf der Flasche			*,020*

Abhängige Variable	Bedingung	Unabhängige Variable	Beta	Bedeutung	$R^2_{adj.}$	F	*p*
Attraktivität	Optik	Flaschen-Silhouette	,344	einzigartig	,402	33,54	*,000*
		Flaschen-Hals	,188	lang			*,000*
	Haptik	Temperatur	-,289	kalt	,364	19,50	*,000*
		Flaschen-Struktur	,150	strukturiert			*,008*
		Flaschen-Umfang	-,150	dünn			*,016*
Erfrischend	Optik	Flaschen-Gewicht	,153	schwer	,265	8,00	*,002*
		Abbildung-Detailliertheit	-,175	gering			*,001*
		Flaschen-Hals	,130	lang			*,000*
		Abbildung(en) von Natur	,190	stark ausgeprägt			*,000*
		Etikett-Detailliertheit	,139	sehr detailliert			*,029*
	Haptik	Temperatur	-,108	kalt	,175	7,84	*,000*
		Globale Flaschenform	-,109	rund			*,008*
		Flaschen-Ebenheit	,078	uneben			*,029*
Gesund	Optik	Flaschen-Hals	,127	lang	,124	7,89	*,005*
		Flaschen-Gewicht	,155	schwer			*,016*
	Haptik	Temperatur	-,130	kalt	,149	9,50	*,000*
		Griffmulde-Position	-,201	hoch auf der Flasche			*,034*
Lecker	Optik	Flaschen-Silhouette	,159	einzigartig	,125	7,14	*,001*
		Flaschen-Gewicht	,179	schwer			*,005*
	Haptik	Temperatur	-,151	kalt	,130	8,27	*,000*
		Griffmulde-Ausprägung	,089	stark ausgeprägt			*,031*
Kaufabsicht	Optik	Flaschen-Silhouette	,171	einzigartig	,113	7,17	*,002*
		Markenname/Logo-Größe	,176	groß			*,007*
	Haptik	-	-	-	-	-	*n.s.*
Preiserwartung	Optik	Markenname/Logo-Größe	-,359	klein	,578	34,28	*,000*
		Flaschen-Silhouette	,203	einzigartig			*,000*
		Flaschen-Symmetrie	,235	symmetrisch			*,000*
		Flaschen-Hals	,134	lang			*,002*
	Haptik	Flaschen-Höhe	-,360	klein	,705	116,71	*,000*
		Temperatur	-,257	kalt			*,000*

5.5.5 Diskussion der Ergebnisse

Die Ergebnisse der zweiten Studie zeigen, dass systematische Zusammenhänge zwischen bimodalen holistischen Verpackungsdesigns und den Markeneindrücken der Konsumenten bestehen. Somit kann die zweite These bestätigt werden und der Beweis dafür erbracht werden, dass die haptischen Designfaktoren, ebenso wie die visuellen Designfaktoren, zur Wahrnehmung spezifischer, strategisch wichtiger Markeneindrücke beitragen. Zudem wird nachgewiesen, dass sich die einzelnen Designtypen auch hinsichtlich ihrer Preiserwartung sowohl haptisch, als auch visuell signifikant voneinander unterscheiden. *Moderne* und *Prototypisch-Kleine* Verpackungsdesigns werden als überdurchschnittlich teuer wahrgenommen, wohingegen die restlichen drei Designtypen überdurchschnittlich günstig wahrgenommen werden. Eine mögliche Erklärung dafür, dass sich die bimodalen holistischen Designtypen nicht hinsichtlich ihrer Kaufabsicht unterscheiden, liegt darin, dass die Befragten eine sehr starke emotionale Bindung zu ihrer Lieblingsmarke aufweisen (Aaker 1996; Fournier 1998) und daher nicht bereit sind, auf andere, ihnen sehr unbekannte Alternativen, zurückzugreifen, unabhängig davon, wie positiv oder negativ sie diese alternativen Marken, aufgrund ihrer visuellen oder haptischen Merkmale, wahrnehmen. Da es sich hierbei lediglich um eine Vermutung handelt, sollte in weiterführenden Studien sowohl der Aspekt der emotionalen Bindung zur Marke, als auch weitere mögliche Einflussgrößen, wie z.B. das Involvement, mit untersucht werden.

Weiterhin wird in der zweiten Studie untersucht, wie konsistent die holistischen Typen bimodaler Verpackungsdesigns, beruhend auf visuellen und haptischen Merkmalen, bestimmte Eindrücke hervorrufen. Es stellt sich heraus, dass *Moderne* und *Prototypisch-Große* Designs optisch positivere Eindrücke hervorrufen, wohingegen *Prototypisch-Kleine* und *Boxy Billboard* Designs haptisch positivere Eindrücke erzeugen. Diese Ergebnisse lassen darauf schließen, dass sich *Moderne* und *Prototypisch-Große* Designs möglicherweise für den Verkauf per Internet oder anderen Umgebungen, bei denen nicht die Möglichkeit besteht, die Produkte anzufassen, besser eignen als *Prototypisch-Kleine* und *Boxy Billboard* Designs.

5.6 Studie 3

5.6.1 Ziel

Nachdem in der zweiten Studie die durch die holistischen Designtypen hervorgerufenen visuell- und haptisch-basierten Markeneindrücke der Konsumenten einzeln gemessen und untersucht werden (d.h. unimodal), werden in der dritten Studie die durch die holistischen Designtypen hervorgerufenen bimodalen Markeneindrücke untersucht. Die Konsumenten werden aufeinanderfolgend zunächst den visuellen und dann den haptischen Designeigenschaften der untersuchten Stimuli ausgesetzt. Somit werden in der dritten Studie ähnliche Bedingungen geschaffen, wie im Einzelhandel, wo die Konsumenten die Verpackungen zunächst sehen und dann anfassen. Die dritte Studie verfolgt zwei Ziele. Zum einen wird die dritte These getestet, die besagt, dass eine Übereinstimmung zwischen den Markenbeurteilungen, die durch die visuellen Designeigenschaften (*Prime*) hervorgerufen werden und den Markenbeurteilungen, die durch die haptischen Designeigenschaften (*Target*) hervorgerufenen werden, zu einer Steigerung der Kaufabsicht führt. Zum anderen wird der Einfluss individueller Unterschiede in der Fähigkeit zur Wahrnehmung von Unterschieden im Design (*Design Acumen*) und das Bedürfnis, Dinge anzufassen (*Need for Touch*), auf die durch das Verpackungsdesign hervorgerufenen Markeneindrücke und die damit verbunden Kaufabsicht untersucht, um zu prüfen, ob diese individuellen Unterschiede den Zusammenhang zwischen kongruenten vs. inkongruenten visuellen und haptischen Markeneindrücken und der Kaufabsicht beeinflussen. Somit werden die Thesen T4a und T4b getestet (vgl. Abbildung 8), die besagen, dass Konsumenten mit einer stark ausgeprägten Fähigkeit zur Wahrnehmung von Unterschieden im Design und Konsumenten mit einem hohen Berührungsbedürfnis eine höhere Kaufabsicht für Verpackungsdesigns mit kongruenten visuellen und haptischen Markeneindrücken aufweisen, als Konsumenten mit einer schwach ausgeprägten Fähigkeit zur Wahrnehmung von Unterschieden im Design und Konsumenten mit einem geringen Berührungsbedürfnis.

Abbildung 8: Untersuchungsmodell der 3. Studie (eigene Darstellung)

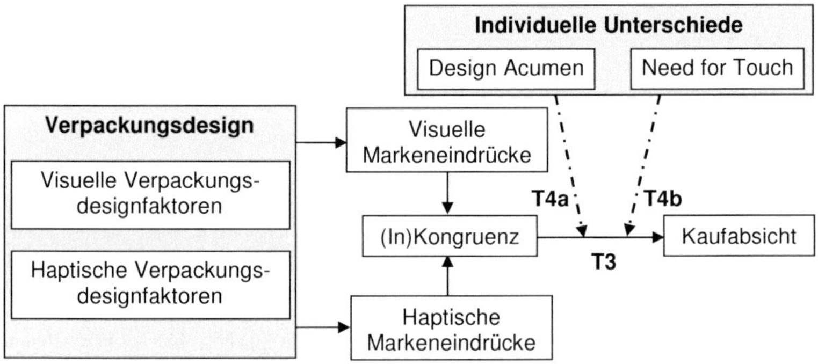

5.6.2 Vorgehensweise

Für die dritte Studie werden, basierend auf den Ergebnissen der zweiten Studie, 20 Stimuli ausgewählt, die extrem (große oder kleine) Unterschiede zwischen den visuell- und haptisch-basierten Markeneindrücken aufweisen. Die Marke Black Forest wird beispielsweise optisch viel aufrichtiger wahrgenommen als haptisch (M_{Optik}= 5,39, M_{Haptik} = 4,43) und die Marke GMQ wird sowohl optisch, als auch haptisch sehr aufrichtig wahrgenommen (M_{Optik}= 5,89, M_{Haptik} = 5,86). Um die Stimuli einzustufen (in eine kongruente oder inkongruente Gruppe), werden die Differenzen zwischen den visuell-basierten und den korrespondierenden haptisch-basierten Eindrücken für jeden Stimulus berechnet. Die geometrische Distanz zwischen diesen Werten dient als Proxy zur Bildung von zwei Gruppen à 10 Stimuli, die jeweils kongruente und inkongruente Eindrücke verschiedener Dimensionen repräsentieren (Henderson, Giese und Cote 2004).

An der dritten Studie nehmen 37 Konsumenten teil. Die Probanden haben ein durchschnittliches Alter von 31,2 Jahren und der Frauenanteil liegt bei 51 Prozent. Der dritten Studie liegt ebenfalls ein Within-Subjects-Design zugrunde mit zwei Konditionen: „*Optik*" und „*Optik und Haptik*". Bei der ersten Kondition („*Optik*") haben die Probanden nicht die Möglichkeit, die Stimuli anzufassen. Sie können sich die Designs lediglich aus einer bestimmten Entfernung anschauen. Bei der zweiten Kondition („*Optik und Haptik*") können die Probanden die Stimuli gleichzeitig ansehen und anfassen. Jeder Proband beurteilt maximal fünf Stimuli in beiden Konditionen, wobei die Reihenfolge der Stimuli ausgeglichen ist.

5.6.3 Messungen

Ebenso, wie bei der zweiten Studie, wird auch bei der dritten Studie zur Messung der Variablen bzw. Konstrukte ausschließlich auf etablierte Skalen publizierter Studien der Marketingforschung zurückgegriffen. In der dritten Studie wird der gleiche Fragebogen verwendet, wie bei der ersten Studie (vgl. Abbildung 11 im Anhang). Die zusätzlich abgefragten Messkonstrukte sind, ebenso wie bei der zweiten Studie, US-amerikanischen Ursprungs und werden zuvor ins Deutsche übersetzt. Die einzelnen übersetzten Skalen werden mit Hilfe eines Pretests mit Probanden auf ihre Verständlichkeit und praktische Handhabbarkeit hin überprüft und anschließend überarbeitet. Für jeden Stimuli geben die Probanden, wie auch bei Studie 2, ihre Markeneindrücke und Kaufabsicht an. Zusätzlich werden sie hinsichtlich ihrer Fähigkeit zur Wahrnehmung von Unterschieden im Design und ihres Bedürfnisses, Dinge anzufassen, befragt. Die Fähigkeit zur Wahrnehmung von Unterschieden im Design (*Design Acumen*) wird durch vier Items der „*Centrality of Visual Product Aesthetics Scale*" (CVPA) von Bloch, Brunel and Arnold (2003) erfasst ($\alpha = ,86$). Die abgefragten Items des *Design Acumens* sind in Tabelle 24 im Anhang S. 153 aufgeführt. Das Berührungsbedürfnis der Probanden hingegen wird mit Hilfe der 12-Item „*Need for Touch Scale*" (*NFT*) (Peck und Childers 2003a) gemessen ($\alpha = ,87$). Diese Skala ist in Tabelle 25 im Anhang zu finden. Um die Effekte von individuellen Unterschieden (d.h. *Design Acumen* und *NFT*) bestimmen zu können, ist es, im Gegensatz zur ersten und zweiten Studie, notwendig, die Analysen auf Ebene der individuellen Bewertungen statt auf der Stimulus-Ebene durchzuführen.

5.6.4 Ergebnisse

These 3 behauptet, dass die Kaufabsicht für Designs, bei denen die Markeneindrücke, hervorgerufen durch die visuellen Designelemente (*Prime*), mit denen der haptischen Designelemente übereinstimmen, höher ist. Unerwarteterweise ergibt eine durchgeführte ANOVA mit der Kongruenz/Inkongruenz-Variablen als unabhängige und der Kaufabsicht als abhängige Variable keinen signifikanten Effekt ($p > ,05$). Wird diese

Analyse jedoch wiederholt, nach der Durchführung eines Terzil-Splits (auf Basis der ursprünglichen Differenzwerte der Kongruenz/Inkongruenz-Variablen) und der Bildung einer kongruenten, moderat inkongruenten und inkongruenten Gruppe, zeigt sich ein signifikanter Effekt ($F_{2,\,180}$= 3,36, $p < ,05$, partielles $\eta^2 = ,04$). Im Speziellen, ist die Kaufabsicht am höchsten bei inkongruenten Designs und am geringsten bei moderat inkongruenten Designs ($M_{kongruent} = 2{,}83$, $M_{moderat\ inkongruent} = 2{,}37$, $M_{inkongruent} = 3{,}04$). Diese Ergebnisse bestätigen These 3 nicht.

Um zu untersuchen, ob bestimmte Markenpersönlichkeitsdimensionen den Einfluss von kongruenten vs. inkongruenten Eindrücken auf die Kaufabsicht beeinflussen, werden zusätzlich mehrere ANCOVAs durchgeführt. Die Kongruenz/Inkongruenz-Variable dient dabei als unabhängige und die Kaufabsicht als abhängige Variable und jede der fünf Markenpersönlichkeitsdimensionen wird separat als Kovariate in das Model aufgenommen. Die Ergebnisse weisen darauf hin, dass der Einfluss von Kongruenz/Inkongruenz auf die Kaufabsicht signifikant ist ($p < ,05$; partielles $\eta^2 = ,05$; $M_{kongruent} = 2{,}66$, $M_{moderat\ kongruent} = 2{,}38$, $M_{inkongruent} = 3{,}17$)[9], wenn die Dimension Spannung eingefügt wird ($F_{1,\,179} = 18{,}51$; $p < ,01$; partielles $\eta^2 = ,09$). Die Dimension Spannung trägt zur stärksten Steigerung der Effektgröße (η^2) um ca. 30 Prozent bei. Die restlichen vier Markenpersönlichkeitsdimensionen haben ebenfalls einen signifikanten Einfluss ($p < ,01$), wobei die Dimension Aufrichtigkeit die stärkste Reduktion der Effektgröße hervorruft (mit $\eta^2 = ,02$; um ca. 59 Prozent). Somit beeinflussen vor allem die Markenpersönlichkeitsdimensionen Spannung und Aufrichtigkeit den Zusammenhang zwischen verschiedenen Kongruenz- oder Inkongruenz-Niveaus und der Kaufabsicht.

Die Thesen 4a und 4b besagen, dass Konsumenten mit einer stark ausgeprägten Fähigkeit zur Wahrnehmung von Unterschieden im Design (*Design Acumen*) und Konsumenten mit einem hohen Berührungsbedürfnis (*NFT*) eine höhere Kaufabsicht für Verpackungsdesigns mit kongruenten visuellen und haptischen Markeneindrücken aufweisen, als Konsumenten mit einer schwach ausgeprägten Fähigkeit zur Wahrnehmung von Unterschieden im Design und Konsumenten mit einem geringen Berüh-

9 Die Effektgröße η^2 (Eta-Quadrat) ist ein Maß für die Stärke des Faktoreffekts auf die abhängige Variable, das zwischen Null und Eins liegen kann. Je näher der Wert an Eins liegt, desto stärker ist der Einfluss der unabhängigen Variablen auf die abhängige Größe (Malhotra 1996).

rungsbedürfnis. Um diese Thesen zu testen, werden noch weitere zwei ANCOVAs durchgeführt, wobei die Kongruenz/Inkongruenz-Variable als unabhängige, die Kaufabsicht als abhängige Variable dient und das *Design Acumen* und *NFT* separat als Kovariaten in das Model aufgenommen werden. Die Ergebnisse weisen darauf hin, dass der Einfluss von Kongruenz/Inkongruenz auf die Kaufabsicht signifikant ist ($p < ,05$; partielles $\eta^2 = ,05$; M kongruent = 3,00, M moderat kongruent = 2,32, M inkongruent = 2,97), wenn die Kovariate *Design Acumen* eingefügt wird ($F_{1, 179} = 9,23$; $p < ,01$; partielles $\eta^2 = ,05$). Die Aufnahme dieser Kovariaten trägt zu einer deutlichen Erhöhung der Effektgröße (η^2) um ca. 33 Prozent bei. Das *Design Acumen* bzw. die Fähigkeit zur Wahrnehmung von Unterschieden im Design beeinflusst somit den Zusammenhang zwischen verschiedenen Kongruenz- oder Inkongruenz-Niveaus und der Kaufabsicht. Diese Ergebnisse bestätigen These 4a. Im Speziellen weisen Konsumenten mit einer stark ausgeprägten Fähigkeit zur Wahrnehmung von Unterschieden im Design (*Design Acumen*) eine höhere Kaufabsicht für Verpackungsdesigns auf, deren visuelle und haptische Persönlichkeitseindrücke stark übereinstimmen bzw. kongruent sind.

Wird das Berührungsbedürfnis (*NFT*) als Kovariate in die ANCOVA aufgenommen, zeigt sich, dass der Einfluss von Kongruenz/Inkongruenz auf die Kaufabsicht zwar immer noch signifikant ist ($p < ,05$; partielles $\eta^2 = ,04$; $M_{\text{kongruent}} = 2,83$, $M_{\text{moderat kongruent}} = 2,36$, $M_{\text{inkongruent}} = 3,04$), jedoch die Kovariate selbst nicht signifikant ist ($p > ,70$) und auch nicht zur Veränderung der Effektgröße beiträgt. Daraus lässt sich schlussfolgern, dass individuelle Unterschiede im Bedürfnis, Dinge anzufassen (*NFT*), den Zusammenhang zwischen verschiedenen Kongruenz- oder Inkongruenz-Niveaus und der Kaufabsicht nicht beeinflusst. Somit kann die These 4b nicht bestätigt werden. Im Vergleich zu Konsumenten mit einem geringen Berührungsbedürfnis weisen Konsumenten mit einem hohen Berührungsbedürfnis keine höhere Kaufabsicht für Verpackungsdesigns mit kongruenten visuellen und haptischen Markeneindrücken auf.

5.6.5 Diskussion der Ergebnisse

Die Ergebnisse der dritten Studie zeigen, dass eine Übereinstimmung der Markenbeurteilungen, die durch die visuellen Designeigenschaften (*Prime*) hervorgerufen werden, mit den durch die haptischen Designeigenschaften (*Target*) hervorgerufenen Markenbeurteilungen, nicht zu einer Steigerung der Kaufabsicht führt. Es wird indes nachgewiesen, dass - verglichen mit einer moderaten Inkongruenz - sowohl eine Kongruenz, als auch eine Inkongruenz zwischen den visuell- und haptisch-basierten Markeneindrücken zu einer höheren Kaufabsicht führt. Dieses unerwartete Ergebnis könnte auf die Produktkategorie Mineralwasser zurückzuführen sein. Da die Kaufabsicht am höchsten ist für inkongruente Designs und dieser Effekt zudem verstärkt wird durch die Markenpersönlichkeitsdimension Spannung, wird vermutet, dass ein kongruentes Design nicht spannend genug ist und daher weniger positiv beurteilt wird. Inkongruente visuell- und haptisch-basierte Markeneindrücke hingegen erregen womöglich eine sehr hohe Aufmerksamkeit, da die Marke einzigartiger und neuartiger wahrgenommen wird. Mit anderen Worten ausgedrückt genießen die Konsumenten die kognitive Stimulation, die sie empfinden, wenn sie sich der Inkongruenz bewusst werden und bewerten infolgedessen dieses Design positiver als eines, das kongruent ist (Campbell und Goodstein 2001).

Die Ergebnisse der dritten Studie zeigen des Weiteren, dass das *Design Acumen* den Zusammenhang zwischen verschiedenen Kongruenz- oder Inkongruenz-Niveaus und der Kaufabsicht beeinflusst und zwar in der Art und Weise, dass die Fähigkeit zur Wahrnehmung von Unterschieden im Design die Kaufabsicht für Verpackungsdesigns, deren visuelle und haptische Markeneindrücke kongruent sind, erhöht. Diese Tatsache spricht dafür, dass Designer und Markenmanager ihre Verpackungsdesigns gründlich untersuchen sollten, um sicher zu gehen, dass ihre Verpackungen passend sind für Konsumenten, die sich hinsichtlich ihrer Fähigkeiten bei der Wahrnehmung von Unterschieden im Design unterscheiden.

Entgegen den Erwartungen hat sich in Studie 3 ebenfalls herausgestellt, dass individuelle Unterschiede beim Bedürfnis, Dinge anzufassen (*NFT*), keinen Einfluss auf den Zusammenhang zwischen verschiedenen Kongruenz- oder Inkongruenz-Niveaus und der Kaufabsicht ausüben. Offensichtlich trägt ein erhöhtes Berührungsbedürfnis nicht zu einer Veränderung der Kaufabsichten für kongruente, moderat kongruente oder inkongruente Designs bei. Eine mögliche Ursache für dieses Ergebnis könnte in der Art des haptischen sensorischen Feedbacks liegen. Peck und Wiggins (2006) haben bei ihrer Studie eine weiche Stoffprobe verwendet und herausgefunden, dass Individuen mit einem hohen Berührungsbedürfnis bei der Berührung dieser weichen Stoffprobe eine stärkere affektive Reaktion zeigten, als Individuen mit einem geringen Berührungsbedürfnis. Krishna und Morrin (2008) hingegen untersuchen, ob die Festigkeit eines Bechers in dem Wasser serviert wird die Beurteilungen der Konsumenten beeinflussen. Sie stellen fest, dass sowohl die Individuen mit einem hohen Berührungsbedürfnis, als auch diejenigen mit einem geringen Berührungsbedürfnis den härteren Becher bevorzugen. Womöglich trägt die Vielfalt der haptischen sensorischen Feedbacks (Härte, Textur, Form etc.) bei den untersuchten Mineralwasserflaschen dazu bei, dass sich die Präferenzen hinsichtlich der Designs bei Individuen mit einem hohen Berührungsbedürfnis und einem geringen Berührungsbedürfnis nicht voneinander unterscheiden.

6 Zusammenführende Diskussion

Die vorliegende Arbeit verfolgte vier Ziele (vgl. Abschnitt 1.1). Erstens sollte empirisch der Beweis dafür erbracht werden, dass bimodale holistische Designtypen existieren, die sich sowohl hinsichtlich spezifischer visueller, als auch haptischer Designfaktoren klar voneinander abgrenzen. Zweitens galt es zu untersuchen, ob diese bimodalen holistischen Designs systematisch mit bestimmten Markeneindrücken verbunden sind. Drittens sollte geprüft werden, welche Effekte kongruente oder inkongruenten sensorische Informationen hervorrufen und viertens inwiefern diese Effekte durch individuelle Unterschiede der Konsumenten beeinflusst werden. Alle diese Ziele werden erreicht.

In dieser zusammenführenden Diskussion werden die Ergebnisse der drei durchgeführten Studien noch einmal aus theoretischer und praktischer Sicht diskutiert. Darüber hinaus werden Limitationen und mögliche zukünftige Forschungsgebiete aufgezeigt.

6.1 Bedeutung für die Theorie

Die vorliegende Arbeit trägt dazu bei, mehrere wissenschaftliche Lücken im Bereich der Design- und Markenmanagementforschung zu schließen, indem prototypische bimodale Verpackungsdesigns, sowie deren zugrundeliegenden visuellen und haptischen Designfaktoren identifiziert und die Zusammenhänge zwischen diesen Typen mit bestimmten Markeneindrücken untersucht werden. Des Weiteren werden die Effekte analysiert, die sich aus widersprüchlichen sensorischen Informationen und individuellen Unterschieden ergeben.

Im Einklang mit gestaltpsychologischen Ansätzen (vgl. Abschnitt 4.1) und empirischen Forschungen zu Verpackungsdesignelementen (vgl. Abschnitt 4.2) kann bestätigt werden, dass sowohl visuelle, als auch haptische Designelemente als komplexe, ganzheitliche Designdimensionen bzw. Designfaktoren wahrgenommen werden. Die

Existenz solcher generalisierbaren Designfaktoren, die das Wesen zugrundeliegender Designelemente erfassen, geht einher mit den Erkenntnissen designverarbeitender Theorien (Geistfeld, Sproles und Badenhop 1977; Veryzer 1999) sowie empirischer Studien, die ebenfalls bestimmte Verpackungsdesignelemente, wie Schriftarten und Logos (Henderson und Cote 1998; Henderson et al. 2003; Henderson, Giese und Cote 2004) oder aber die Gesamtheit aller visuellen Designelemente ganzer Verpackungen (Orth und Malkewitz 2008) untersucht haben. Die vorliegende Arbeit ist jedoch die erste Forschungsarbeit, die systematisch die Gesamtheit aller visuellen *und* haptischen Designelemente von Verpackungen sammelt und miteinander verbindet, um aufzuspüren, durch welche generalisierbaren visuellen und haptischen Designfaktoren, die sich aus verschiedenen modalitätsspezifischen Designeigenschaften zusammensetzen, sich prototypisch holistische Verpackungsdesigns voneinander differenzieren.

Das Konzept der holistischen Verpackungsdesigns ist wichtig, sowohl aus der Perspektive der Gestaltpsychologie (Wertheimer 1925b), als auch der *Perceptual Fluency* (Janiszewski und Meyvis 2001). Eine Person kann die Form einer Verpackung holistisch, als eine komplette Einheit verstehen, oder aber atomistisch, als Zusammenspiel von Farben, Schriften, Bildern und anderen Einzelelementen (vgl. Abschnitt 2.2). Komplexe Designs und solche mit widersprüchlichen Designelementen rufen eine besonders aufwändige kognitive Verarbeitung hervor (Schoormans und Robben 1997). Die Ergebnisse der vorliegenden Forschungsarbeit zeigen, dass die Art der Verarbeitung von Gestalten für die Wahrnehmung von und die Reaktion auf Verpackungsdesigns wichtig ist. Die Verpackung wird möglicherweise erst als Ganzes wahrgenommen. Wenn jedoch nach der ersten Beurteilung des holistischen Designs die kognitive Verarbeitung weiter fortschreitet, da das Design eine fesselnde Wirkung auf den Konsumenten ausübt, könnten möglicherweise auch individuelle visuelle und/oder haptische Designelemente hervorstechen, je nachdem, ob das Design lediglich betrachtet oder auch in der Hand gehalten wird. Diese spezifischen Elemente, wie beispielsweise das Farbschema, die Silhouette, die einzigartige Form oder Textur werden dann vom Konsumenten bei der Betrachtung und/oder Berührung des Designs individuell verarbeitet.

Die Ergebnisse der zweiten Studie dieser Arbeit verdeutlichen zudem die Wichtigkeit der Untersuchung des Verpackungsdesigns als Mittel zur Generierung spezifischer

Markeneindrücke. Bislang existieren im Bereich der Marketingforschung einige Belege dafür, dass Designer visuelle Designelemente nutzen, um bestimmte Markeneindrücke hervorzurufen. Orth und Malkewitz (2008) konnten bereits prototypische visuelle Verpackungsdesigns nachweisen, die systematisch mit spezifischen Markeneindrücken verbunden sind. Die Ergebnisse der vorliegenden Arbeit erweitern die Erkenntnisse vorangegangener Studien, indem gezeigt wird, dass bimodale holistische Verpackungsdesigns existieren, die sich nicht nur durch eine spezifische Kombination an visuellen, sondern auch an haptischen Designfaktoren voneinander unterscheiden. Diese haptischen Designfaktoren tragen ebenso wie die visuellen Designfaktoren zur Wahrnehmung spezifischer, strategisch wichtiger Markeneindrücke bei. Dieser Aspekt der Untersuchung der Zusammenhänge zwischen bimodalen (visuell-haptischen) holistischen Verpackungsdesigntypen und generalisierbaren Reaktionsdimensionen wurde bis dato empirisch noch nicht untersucht.

Obgleich die Ergebnisse der vorliegenden Arbeit die Erkenntnisse bereits existierenden Studien unterstützen, zeigen sie auch, dass die gegenwärtigen Designtheorien die Ergebnisse nicht vollkommen stützen, da sie nicht über die Identifikation spezifischer Designfaktoren als Auslöser bestimmter Markeneindrücke hinausgehen. Keine der Design- oder Ästhetik-Theorien spricht die Wichtigkeit von holistischen Designtypen an. Die Theorien betrachten auch nicht die generalisierbaren Reaktionen. Konsistent mit den Untersuchungen von Orth und Malkewitz (2008) zeigen die Ergebnisse dieser Arbeit, dass der Einfluss spezifischer Designelemente und Faktoren abhängig vom holistischen Designtyp variiert. Die zusätzliche Betrachtung der haptischen Designelemente bzw. Faktoren trägt zu einer weiteren Verstärkung dieses Effektes bei. Dies zeigt, dass der Zusammenhang zwischen dem Design und den ausgelösten Reaktionen komplexer ist, als zuvor angenommen. Ebenso wie Henderson, Giese und Cote (2004) sowie Orth und Malkewitz (2008) kommt auch diese Arbeit zur Erkenntnis, dass die bereits existierenden Theorien im Bereich des Designs und der Ästhetik nicht ausreichen, um die Beziehungen zwischen dem Design und den Reaktionen der Konsumenten vollkommen zu erklären.

Entgegen der (In)Kongruenz-Theorie nach Mandler (1982) und den Forschungen des *Perceptual Primings* haben die Ergebnisse der dritten Studie dieser Arbeit gezeigt, dass - verglichen mit einer moderaten Inkongruenz - sowohl eine Kongruenz, als auch eine extreme Inkongruenz zwischen den visuell- und haptisch-basierten Markeneindrücken in einer höheren Kaufabsicht resultiert. Nach Mandler's (1982) (In)Kongruenz-Theorie führt eine moderate Inkongruenz im Vergleich zur Kongruenz oder extremen Inkongruenz zu positiveren Beurteilungen. Dabei wird davon ausgegangen, dass eine extreme Inkongruenz zwar zu einer Steigerung der Verarbeitung der Informationen beiträgt, jedoch nicht aufgelöst werden kann ohne fundamentale Änderungen in den bereits existierenden kognitiven Strukturen. Die extreme Inkongruenz führt daher nicht zu einem positiven Gefühl, sondern zu Frustration und Hilflosigkeit und demzufolge zu negativen Beurteilungen (Meyers-Levy, Louie und Curren 1994). Entgegen diesen Feststellungen wird im Rahmen dieser Arbeit gezeigt, dass speziell für die Kategorie Mineralwasser, eine extreme Inkongruenz erwünscht ist und mit positiveren Beurteilungen einher geht. Inkongruente visuell- und haptisch-basierte Markeneindrücke lassen die Marke neuartiger und einzigartig wirken und erhöhen somit die Aufmerksamkeit der Konsumenten. Die sich aus der Inkongruenz ergebende kognitive Stimulation wird von den Konsumenten als angenehm empfunden, weshalb extrem inkongruente Designs positiver beurteilt werden, als moderat inkongruente oder kongruente Designs (Campbell und Goodstein 2001).

6.2 Bedeutung für die Praxis

Ebenso wie das Konzept der Markenpersönlichkeit die Unternehmen bei der Markenpositionierung und Differenzierung unterstützt, helfen auch die in dieser Arbeit identifizierten bimodalen holistischen Designtypen bei der gezielten Auswahl von Verpackungsdesigns, um bestimmte Markeneindrücke zu vermitteln, wohlbewusst, dass es neben diesen fünf holistischen Designtypen auch noch andere Möglichkeiten gibt, spezifische Markeneindrücke hervorzurufen.

Manager können durch die Nutzung der Klassifizierung der fünf bimodalen holisti schen Designtypen besser mit Designern kommunizieren, indem sie das gleiche Vokabular und die gleichen Assoziationen verwenden. Angesichts der Vielzahl von Designelementen, die in bestimmten Kontexten berücksichtigt werden müssen und vor dem Hintergrund, dass einige Markenmanager keine Designerfahrungen besitzen, erscheint es besonders nützlich, dass Verpackungen entsprechend ihrer visuellen und haptischen Merkmale in fünf grundlegende bimodale holistische Designtypen eingeteilt werden können. Diese fünf bimodalen Designtypen können nicht nur bei der Produktkategorie Mineralwasser angewandt werden, sondern, wie der folgenden Tabelle 21 zu entnehmen, auch bei einer Vielzahl anderer Produktkategorien.

Tabelle 21: Mögliche Beispiele aus anderen Produktkategorien (eigene Darstellung)

Produkt-kategorie	**Holistischer Designtyp**				
	Modern	Big Grip	Prototyp-Klein	Boxy Billboards	Prototyp-Groß
Spirituosen	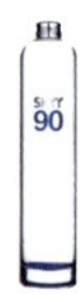				
Wein					
Shampoo					
Spülmittel					
Öl					

Fortsetzung auf nächster Seite

Produkt-kategorie	**Holistischer Designtyp**				
	Modern	Big Grip	Prototyp-Klein	Boxy Billboards	Prototyp-Groß
Ketchup					

Tabelle 21 zeigt einige potentielle Beispiele für *Moderne, Prototypisch-Kleine, Prototypisch-Große* und Designs der Typen *Boxy Billboards* und *Big Grip* bei verschiedenen Produktkategorien, einschließlich Spirituosen, Wein, Shampoo, Spülmittel aber auch Öl und Ketchup.

Die Forschungsergebnisse dieser Arbeit zeigen des Weiteren, dass die Assoziationen zwischen den bimodalen holistischen Designtypen und den generischen Markeneindrücken distinktiv sind. Aus diesem Grund können Marken- und Verpackungsmanager die bimodalen holistischen Designs zum gezielten Hervorrufen bestimmter Markeneindrücke nutzen. Optimalerweise sollten die designevozierten Markeneindrücke eine Steigerung des Markenwertes zur Folge haben. Zunächst müssen Manager jedoch genau bestimmen, welche Eindrücke wünschenswert für ihre Marke sind und danach müssen Designs kreiert werden, die geeignet sind, um diese gewünschten Reaktionen hervorzurufen. Die Ergebnisse der vorliegenden Arbeit liefern Richtlinien, um Manager bei ihren Entscheidungen zu unterstützen, indem systematische Beziehungen zwischen den bimodalen holistischen Designtypen und den generischen visuellen und haptischen Reaktionsdimensionen nachgewiesen werden. Wie den Tabellen 17 und 18 zu entnehmen, variieren die fünf bimodalen holistischen Verpackungstypen stark hinsichtlich der untersuchten Markeneindrücke. Dies gilt sowohl für die Eindrücke, hervorgerufen durch die haptischen Merkmale, als auch für die Eindrücke, hervorgerufen durch die visuellen Merkmale. *Moderne* Verpackungsdesigns werden beispielsweise sowohl visuell, als auch haptisch als überdurchschnittlich kompetent, kultiviert und attraktiv wahrgenommen. Basierend auf den visuellen Merkmalen werden *Moderne* Designs zudem als spannend und lecker wahrgenommen. Falls Manager dementsprechend daran interessiert sind, ein Verpackungsdesign zu entwickeln, das einen kompetenten Eindruck bei den Konsumenten hinterlässt, sollten sie *Moderne* Designs in Betracht ziehen, da diese beim Konsumenten, sowohl aufgrund ihrer visuellen, als auch ihrer haptischen Beschaffenheiten, den Eindruck von Kompetenz erwecken. Um den Managern und vor allem Designern bei der Kreation neuer Verpackungsdesigns, die bestimmte Markeneindrücke beim Konsumenten hervorrufen sollen, eine Hilfestellung zu geben, liefert diese Arbeit zudem detaillierte Richtlinien für die Entwicklung bimodaler Designs. In Tabelle 20 auf Seite 92f. sind diese Designrichtlinien, nach denen spezifische Reaktionen beim Konsumenten aufgelöst werden können, aufgeführt. Möchten Manager zum Beispiel eine sehr aufrichtige Marke erschaffen, sollten sie in Zusammenarbeit mit Designern ein Design gestalten, das sowohl visuell, als auch haptisch sehr schwer wirkt, kalt ist und einen langen Hals sowie abgerundeten Kanten besitzt. Statt die designevozierten Eindrücke zufällig geschehen zu lassen, sollten Manager ihre Zielkonsumenten und deren Bedürfnisse genauestens untersuchen und anschließend Verpackungsprototypen nach den in dieser Arbeit ausgestellten Richtlinien kreieren. Da es sich hierbei lediglich um Richtlinien handelt, sollte anschließend jedoch noch geprüft werden, ob das konzipierte Design tatsächlich die gewünschten Eindrücke bei der Zielgruppe hervorruft.

Die Ergebnisse der vorliegenden Arbeit zeigen, dass sich die fünf bimodalen Designtypen nicht nur hinsichtlich der wahrgenommenen Markeneindrücke signifikant voneinander unterscheiden, sondern auch bezüglich der Preiserwartungen. *Moderne* und *Prototypisch-Kleine* Verpackungsdesigns werden - verglichen mit den restlichen drei Designtypen - überdurchschnittlich hochpreisig wahrgenommen. Falls Manager folglich eine besonders hochpreisige und exklusive Marke erschaffen wollen, sollten sie *Moderne* oder *Prototypisch-Kleine* Designs in Erwägung ziehen, da diese sowohl visuell, als auch haptisch als sehr hochpreisig wahrgenommen werden (siehe Tabelle 17 und 18). Der Tabelle 20 ist zudem zu entnehmen, dass eine sehr teure Markenwahrnehmung durch sehr kleine, kalte, symmetrische, lang gestreckte Designs mit einem kleinen Markennamen/Logo und einer einzigartigen Silhouette erzeugt werden.

Schließlich deuten die Ergebnisse dieser Arbeit darauf hin, dass Designer und Markenmanager bei der Entwicklung ihrer Verpackungsdesigns auch die individuellen Unterschiede ihrer Zielgruppe(n) bei der Fähigkeit zur Wahrnehmung von Unterschieden im Design berücksichtigen sollten, denn sorgfältig individuell zugeschnittene Verpackungen versprechen eine höhere Kaufabsicht und somit einen größeren Erfolg.

6.3 Limitationen und zukünftiger Forschungsbedarf

Obgleich diese Forschungsarbeit wertvolle Implikationen für Theoretiker und Praktiker bietet, gibt es auch Limitationen, denen Beachtung geschenkt werden sollte. Eine der wichtigsten Limitationen ist, dass lediglich Produkte der Kategorie Mineralwasser untersucht werden. Designforschungen sind generell sehr schwierig, da wichtige Designelemente zum Teil vom untersuchten Produkt und Kontext abhängig sind. Es kann nicht ausgeschlossen werden, dass sich die Einflussgrößen ändern bei Produkten mit erheblich unterschiedlichen Verpackungsdesigns. Dennoch haben mehrere vorherige Studien bereits generalisierbare Designelemente, Faktoren und Beziehungen zu Konsumentenreaktionen identifiziert, die über einen spezifischen Kontext hinaus gehen (Henderson und Cote 1998; Henderson, Giese und Cote 2004; Orth und Malkewitz 2008). Die Produkte, die in der vorliegenden Arbeit ausgewählt worden sind, können möglicherweise Effektgrößen reduzieren und Limitationen auferlegen, inwiefern die abgeleiteten Richtlinien anwendbar sind. Dennoch sind diese Limitationen vermutlich nicht beträchtlicher, als bei anderen Studien, bei denen ebenfalls Konsumentenreaktionen anhand einiger Beispielskategorien untersucht werden und Schlüsse auf weitere Produktkategorien gezogen werden (Orth und Malkewitz 2008).

Mit der empirischen Untersuchung des Verpackungsdesigns von Mineralwasserflaschen geht einher, dass sich die sensorische Erfahrung primär auf die visuellen und haptischen Aspekte beschränkt und die akustischen, olfaktorischen und gustatorischen Aspekte außer Acht gelassen werden. Es kann jedoch nicht ausgeschlossen werden, dass andere Effekte bei Produkten auftreten, die primär andere Sinne ansprechen (z.B. die gustatorischen und olfaktorischen Reize bei frisch gepresstem Orangensaft) oder, dass Unterschiede, aufgrund der unterschiedlichen relativen Bedeutung des funktionalen, symbolischen und erfahrungsbezogenen Nutzens bei der Markenwahl, auftreten. Es existieren möglicherweise Gebrauchsgüter oder Verbrauchsgüter, bei denen die akustischen oder olfaktorischen Empfindungen schwerer wiegen, als die visuellen und haptischen Eigenschaften. Beispielsweise richten sich große Bemühungen in der Lebensmittelindustrie insbesondere darauf, zu identifizieren, welches Crunch- oder Knack-Geräusch die größte Anziehungskraft auf die Konsumenten ausübt, wenn sie z.B. Kekse, Chips, Cornflakes, Schokoriegel oder Würste beißen, kauen oder knabbern. Eine Knackwurst muss knacken, ein Keks knuspern. Autohersteller, die traditionell die ästhetischen Eigenschaften ihrer Designs hervorgehoben haben, setzen heutzutage immer stärker auf die Gerüche und Sounds, um Käufer zu gewinnen und zu halten. Es werden zum Beispiel die Autoinnenräume so gestaltet, dass der spezifische Geruch von teurem Leder hervorgerufen wird, den die Käufer in einem Luxusfahrzeug erwarten oder der Klang der ins Schloss fallenden Autotür wird so konzipiert, dass er dumpf, schwer oder satt klingt und selbst dem „*richtigen*“ Klicken des Blinkers wird große Aufmerksamkeit geschenkt. Folgende Studien sollten daher die vorliegende Forschungsarbeit erweitern, indem mögliche Unterschiede zwischen Produktkategorien, die verschiedene Sinne ansprechen, untersucht werden. Darüber hinaus besteht die Möglichkeit, die in dieser Arbeit untersuchte bimodale Perspektive um weitere Modalitäten zu ergänzen und eventuelle Interaktionen aufzudecken. Die Verpackungen könnten beispielsweise unterschiedlich beduftet werden oder es könnten die Klänge verschiedener Öffnungsmechanismen untersucht und deren Einflüsse auf die Konsumentenreaktionen gemessen werden.

Bedenken bezüglich der externen Validität erfordern ebenfalls weitere Aufmerksamkeit. Diese Forschungsarbeit knüpft, durch die Nutzung von Konsumentenstichproben unter kontrollierten Umgebungsbedingungen, an vorherige Forschungen an. Jedoch bedarf es noch eines besseren Verständnisses darüber, wie die zentralen Untersuchungsvariablen mit anderen Variabeln interagieren (Lynch 1999). Die Ergebnisse der im Rahmen dieser unter laborähnlichen Bedingungen durchgeführten Studien könnten unter realen Bedingungen, z. B. in Folge des Involvements in der Produktkategorie (Peracchio und Tybout 1996; Petty, Cacioppo und Schumann 1983) oder des ethnischen oder kulturellen Kontextes (Henderson et al. 2003; Limon, Kahle und Orth 2009) variieren. Auch wenn die Probanden der Stichprobe sich bezüglich des Alters und des sozioökonomischen Status' unterscheiden, könnte der Einsatz einer Stichprobe mit einem anderen kulturellen Hintergrund zu unterschiedlichen Ergebnissen führen. Vorherige Studien haben gezeigt, dass kulturelle Dimensionen die Art und Weise beeinflussen, wie Menschen verschiedene Arten von Design wahrnehmen und darauf reagieren. Dies gilt vor allem für die Markeneindrücke, die aufgrund von Verpackungen hervorgerufen werden (Aaker, Benet-Martinez und Garolera 2001). Dementsprechend beeinflusst der kulturelle Hintergrund einer Person möglicherweise deren Reaktionen gegenüber bimodalen holistischen Designs.

Die Ergebnisse der dritten Studie zeigen, dass zumindest für die untersuchte Produktkategorie Mineralwasser gilt, dass Produktdesigns, die Inkongruenzen zwischen den visuell- und haptisch-basierten Markeneindrücken aufweisen, zu höheren Kaufabsichten bei den Konsumenten führen, als moderat inkongruente oder kongruente Designs. Nun stellt sich die Frage, ob diese Erkenntnisse nur für die untersuchte Produktgruppe gelten, oder ob sie auch für weitere Produktgruppen zutreffen. Zukünftige Forschungen könnten demzufolge prüfen, ob es eventuell spezifische Produktgruppen gibt, bei denen extrem inkongruente Designs oder aber moderat inkongruente oder kongruente Designs besonders bevorzugt werden. Erste Hinweise dafür liefern bereits existierende Studien, die zeigen, dass einige Produktkategorien aufgrund ihrer haptischen Eigenschaften stärker zum Anfassen animieren, als andere (Grohmann, Spangenberg und Sprott 2007; McCabe und Nowlis 2003b; Peck und Childers 2003b).

7 Zusammenfassung

Beitrag der Arbeit zur wissenschaftlichen Diskussion

Der Mensch nimmt seine Umwelt und damit auch die Kommunikationsmaßnahmen von Unternehmen über alle Sinne wahr. Konsumenten fällen häufig Urteile über Marken, basierend einzig und allein auf deren Verpackungsdesigns. Die Genauigkeit der Markeneindrücke ist entscheidend für die Markenwahl. Welche Eindrücke durch das Verpackungsdesign vermittelt werden, ist zum Teil davon abhängig, welche visuellen, haptischen und gegebenenfalls akustischen oder olfaktorischen Reize die Verpackung aufweist und wie diese vom Konsumenten wahrgenommen werden. Bislang hat sich die Wissenschaft jedoch noch nicht ausreichend damit auseinandergesetzt, wie die sensorischen Reize einzeln und in Kombination bei der Gestaltung von Verpackungen genutzt werden können, um spezifische Markeneindrücke auszulösen.

In dieser Arbeit, wird im Speziellen untersucht, welchen Einfluss der Einsatz **visueller und haptischer Verpackungsreize** auf die Markenbeurteilungen ausübt, unter Einbeziehung der Effekte, die sich aus widersprüchlichen Informationen ergeben. Mehrere Forschungsströme dienen als Unterstützung für diese Untersuchungen.

Im Bereich der Marketingforschung existieren bereits einige Studien, die den **Einfluss einzelner Modalitäten** auf die Markenbeurteilungen untersuchen. Bezüglich der visuellen Reize von Verpackungen gibt es beispielsweise Forschungen, die Effekte spezifischer Eigenschaften, wie Formen, Farben, Logos/Schriftarten und Bilder auf die Beurteilungen der Marke untersuchen. Jüngere Forschungsstudien haben zudem systematische Zusammenhänge zwischen holistischen Typen von visuellen Verpackungsdesigns und den Markenbeurteilungen durch den Konsumenten festgestellt. Während der Einfluss visueller Eigenschaften auf die Beurteilung der Marke somit bereits häufiger untersucht wurde, gibt es bezüglich des Einflusses haptischer Eigenschaften auf die Wahrnehmung der Marke noch keinerlei empirisch belegte Forschungsergebnisse im Bereich des Verpackungsdesigns.

Dem **Zusammenspiel zwischen verschiedenen Modalitäten** bei der Wahrnehmung von Verpackungsdesigns wurde bislang wissenschaftlich nur wenig Aufmerksamkeit gewidmet. Die Mehrheit der Studien beschäftigt sich lediglich mit den Interaktionen zwischen der Exponierung gegenüber bestimmten Marketingstimuli und der Produktbeurteilung. Diese Studien kommen zum Schluss, dass mehr Forschungsbedarf dahingehend besteht, wie Informationen, die über einzelne sensorische Modalitäten bzw. Sinneskanäle oder aber durch die Interaktion verschiedener Sinne gewonnen werden, die Markenbeurteilungen und Kaufabsicht des Konsumenten beeinflussen.
Schließlich deuten Forschungsergebnisse des *Perceptual Primings* darauf hin, dass visuelle und andere Reize bzw. *Primes* die Zugänglichkeit bestimmter Konzepte (z.B. Markenpersönlichkeit) erhöht und, dass eine sequentiellen Exponierung gegenüber zunächst visuellen und dann haptischen Verpackungseigenschaften, wenn die Marke das *Target* (bzw. Ziel) ist, dazu beiträgt, dass das *Target* bzw. die Marke leichter verarbeitet wird und somit die Präferenz für die Marke bzw. deren Kaufabsicht steigt.
Forschungen im Bereich des Konsumentenverhaltens haben zudem herausgefunden, dass es **individuelle Unterschiede** bezüglich der Präferenzen für sensorische Informationen gibt. Daher wird auch im Rahmen dieser Arbeit untersucht, ob individuelle Unterschiede die durch das Verpackungsdesign hervorgerufenen Markeneindrücke und die damit verbundene Kaufabsicht beeinflussen.

Die vorliegende Arbeit leistet einen wesentlichen Beitrag zur wissenschaftlichen Diskussion, indem sie nicht nur einzel- sondern auch multisensorische Effekte auf die Markeneindrücke bei Verpackungsdesigns, auf Basis der Theorie des *Perceptual Primings*, untersucht und dabei individuelle Unterschiede bei der sensorischen Wahrnehmung von Informationen berücksichtigt.

Vorgehen und Ergebnisse

Um diesen Beitrag zur wissenschaftlichen Diskussion zu leisten, werden drei empirische Studien durchgeführt.

Studie 1 verfolgt das Ziel, die Existenz generischer visueller und haptischer Designfaktoren zu prüfen und zu untersuchen, ob es allgemein gültige Prototypen bimodaler Verpackungsdesigns gibt, die sich hinsichtlich ihrer spezifischen generischen visuellen und haptischen Designfaktoren unterscheiden. Hierzu werden zunächst 98 Mineralwasserflaschen unterschiedlichen Verpackungsdesigns ausgewählt. Hochauflösende Digitalfotos dieser Designs werden von professionellen Designern anhand ihrer visuellen Designelemente bewertet. Außerdem werden die realen Stimuli von sehbehinderten Personen anhand ihrer haptischen Designmerkmale beurteilt.

Die Analyse der Daten zeigt, dass sowohl generische visuelle Designfaktoren, nämlich Natürlichkeit, Harmonie, Aufwand, Größe, Symmetrie, Komprimierung, Gewicht, und Schriftart, als auch generische haptische Designfaktoren, nämlich Größe, Konsistenz, Form und Textur existieren, die sich aus spezifischen visuellen und haptischen Designelementen zusammensetzen (vgl. Tabelle 13). Darüber hinaus wird nachgewiesen werden, dass es fünf allgemein gültige Prototypen bimodaler Verpackungsdesigns gibt, die sich durch spezifische generische visuelle und haptische Designfaktoren differenzieren: *Modern, Big Grip, Prototypisch-Klein, Boxy Billboards* und *Prototypisch-Groß*. *Moderne* Designs können als zeitgemäß und niveauvoll beschrieben werden, *Big Grip* Designs als griffig, ergonomisch und kontrastierend, *Prototypisch-Kleine* Designs als zierlich und fein, *Boxy Billboard* Designs als weich und kastenförmig und *Prototypisch-Große* Designs als massiv sowie robust (vgl. Tabelle 14).

Studie 2 untersucht, ob zwischen den in der ersten Studie nachgewiesenen bimodalen holistischen Verpackungstypen und den Markeneindrücken der Konsumenten systematische Zusammenhänge vorliegen. Hierzu wird ein Experiment mit einem Within-Subjects-Design und 2 Konditionen („*Haptik*" oder „*Optik*") durchgeführt. In der zweiten Studie werden die gleichen Stimuli verwendet, wie bei der ersten Studie. Um die Zusammenhänge zwischen den holistischen Verpackungsdesigns und den Markeneindrücken zu messen, wird ein Instrument, bestehend aus einem Fragebogen, entwickelt, das die Markenpersönlichkeit, die wahrgenommene Qualität und Attraktivität, die Markenbekanntheit, weitere relevante sensorische Markeneigenschaften sowie die Kaufabsicht und die Preiserwartung misst (vgl. Abbildung 11 im Anhang). Insgesamt nehmen 137 Konsumenten am Experiment teil und es werden 39.556 individuelle Bewertungen erhoben.

Die Analyse der Daten bestätigt, dass die identifizierten holistischen bimodalen Designtypen systematisch mit generalisierbaren Eindrücken verbunden sind. Dies gilt sowohl für Eindrücke, hervorgerufen durch die haptischen Eigenschaften (vgl. Tabelle 17), als auch für die Eindrücke, hervorgerufen durch die visuellen Merkmale (vgl. Tabelle 18). Die Ergebnisse zeigen ebenfalls, dass sich die fünf Designtypen sowohl visuell, als auch haptisch hinsichtlich ihrer Preiserwartungen signifikant unterscheiden. *Moderne* und *Prototypisch-Kleine* Verpackungsdesigns werden überdurchschnittlich teuer wahrgenommen, wohingegen die restlichen drei Designtypen überdurchschnittlich günstig wahrgenommen werden. In Rahmen der zweiten Studie wird weiterhin untersucht, wie konsistent die holistischen Typen bimodaler Verpackungsdesigns bestimmte Eindrücke hervorrufen, beruhend auf deren visuellen und haptischen Merkmalen. Die Ergebnisse weisen darauf hin, dass *Moderne* und *Prototypisch-Große* Designs optisch positivere Eindrücke hervorrufen, wohingegen *Prototypisch-Kleine* und *Boxy Billboard* Designs haptisch positivere Eindrücke erzeugen (vgl. Tabelle 19).

Studie 3 erweitert die Ergebnisse der zweiten Studie, indem die Markeneindrücke und Kaufabsicht nicht nur unimodal, sondern bimodal untersucht werden. Die Konsumenten werden aufeinanderfolgend zunächst den visuellen und dann den haptischen Designeigenschaften der untersuchten Stimuli ausgesetzt. Dadurch werden ähnliche Bedingungen geschaffen, wie im Einzelhandel, wo die Konsumenten die Verpackungen zunächst sehen und dann anfassen können. Um in der dritten Studie zu untersuchen, ob eine Übereinstimmung der Markenbeurteilungen, die durch die visuellen Designeigenschaften (*Prime*) hervorgerufen werden, mit den durch die haptischen Designeigenschaften (*Target*) hervorgerufenen Markenbeurteilungen, zu einer Steigerung der Kaufabsicht führt, werden, basierend auf den Ergebnissen der ersten Studie, 20 Stimuli ausgewählt, die besonders extreme (große oder kleine) Unterschiede zwischen den visuell- und haptisch-basierten Persönlichkeitseindrücken ausweisen. Siebenunddreißig Konsumenten nehmen an der Studie teil. Der dritten Studie liegt ebenfalls ein Within-Subjects-Design zugrunde mit zwei Konditionen („*Optik*“ und „*Optik und*

Haptik“). Jeder Proband beurteilt maximal fünf Stimuli in beiden Konditionen, wobei die Reihenfolge der Stimuli ausgeglichen ist. Für jede Verpackung geben die Probanden, wie auch bei Studie 2, ihre Markeneindrücke und Kaufabsicht an. Zusätzlich werden die Probanden hinsichtlich ihrer Fähigkeit zur Wahrnehmung von Unterschieden im Design und ihres Bedürfnisses, Dinge anzufassen, befragt (vgl. Tabelle 24 und 25), um herauszufinden ob diese individuellen Unterschiede den Zusammenhang zwischen kongruenten vs. inkongruenten visuellen und haptischen Markeneindrücken und der Kaufabsicht beeinflussen.

Unerwarteterweise decken die Ergebnisse der dritten Studie auf, dass - verglichen mit einer moderaten Inkongruenz - sowohl eine Kongruenz, als auch eine extreme Inkongruenz zwischen den visuell- und haptisch-basierten Markeneindrücken zu einer höheren Kaufabsicht führt, wobei die Kaufabsicht am höchsten ist bei inkongruenten Designs. Dieser Effekt wird zudem durch die Markenpersönlichkeitsdimension Spannung verstärkt. Dieses Ergebnis könnte auf die untersuchte Produktkategorie Mineralwasser zurückzuführen sein und darauf, dass inkongruente visuell- und haptisch-basierte Markeneindrücke womöglich eine hohe Aufmerksamkeit erregen und somit bewirken, dass die Marke einzigartiger und positiver vom Konsumenten wahrgenommen wird. Die Ergebnisse der dritten Studie zeigen zudem, dass der Zusammenhang zwischen verschiedenen Kongruenz- oder Inkongruenz-Niveaus und der Kaufabsicht durch die Fähigkeit zur Wahrnehmung von Unterschieden im Design (*Design Acumen*) beeinflusst wird. Konsumenten mit einem stark ausgeprägten *Design Acumen* besitzen für Verpackungsdesigns, deren visuelle und haptische Persönlichkeitseindrücke kongruent sind, eine höhere Kaufabsicht. Das Bedürfnis, Dinge anzufassen (*NFT*), beeinflusst den Zusammenhang zwischen verschiedenen Kongruenz- oder Inkongruenz-Niveaus und der Kaufabsicht hingegen nicht.

Die in dieser Arbeit aufgestellten Thesen sind abschließend noch einmal in der Tabelle 22 zusammengefasst. Diese zeigt, dass drei der fünf Thesen durch die Daten bestätigt werden.

Tabelle 22: Zusammenfassung der Untersuchungsthesen (eigene Darstellung)

Bezeichnung der These	These	Ergebnis
T1	Es existieren allgemein gültige Prototypen bimodaler Verpackungsdesigns, die sich durch spezifische generische visuelle und haptische Designfaktoren unterscheiden.	bestätigt
T2	Es existieren systematische Zusammenhänge zwischen bimodalen holistischen Verpackungsdesigns und den Markeneindrücken der Konsumenten.	bestätigt
T3	Falls die Markenbeurteilungen, die durch die visuellen Designeigenschaften (*Prime*) hervorgerufen werden mit den durch die haptischen Designeigenschaften (*Target*) hervorgerufenen Markenbeurteilungen übereinstimmen, steigt die Kaufabsicht.	nicht bestätigt
T3a	Im Vergleich zu Konsumenten mit einer schwach ausgeprägten Fähigkeit zur Wahrnehmung von Unterschieden im Design weisen Konsumenten mit einer stark ausgeprägten Fähigkeit zur Wahrnehmung von Unterschieden im Design eine höhere Kaufabsicht für Verpackungsdesigns mit kongruenten visuellen und haptischen Markeneindrücken auf.	bestätigt
T3b	Im Vergleich zu Konsumenten mit einem geringen Berührungsbedürfnis weisen Konsumenten mit einem hohen Berührungsbedürfnis eine höhere Kaufabsicht für Verpackungsdesigns mit kongruenten visuellen und haptischen Markeneindrücken auf.	nicht bestätigt

Abschließend ist als Ergebnis der drei empirischen Studien festzuhalten, dass (1) Verpackungsdesigns sich entsprechend ihrer haptischen und visuellen Designelemente in fünf holistische bimodale Typen einteilen lassen: *Modern, Big Grip, Prototypisch-Klein, Boxy Billboards* und *Prototypisch-Groß*, (2) diese Typen sich signifikant hinsichtlich der hervorgerufenen Markeneindrücke und Preiserwartungen unterscheiden (3) Produktdesigns (der Kategorie Mineralwasser) mit extremen Inkongruenzen zwischen den visuell- und haptisch-basierten Markeneindrücken zu höheren Kaufabsichten bei den Konsumenten führen, als moderat inkongruente und kongruente Designs und (4) dieser Effekt durch individuelle Unterschiede bei der Fähigkeit zur Wahrnehmung von Unterschieden im Design beeinflusst wird.

Insgesamt unterstreichen diese und weitere Forschungsergebnisse die Notwendigkeit einer zielgerichteten multisensorischen Marketingforschung, um besser verstehen zu können, auf welche Weise Konsumenten über ihre verschiedenen Sinne Designinformationen wahrnehmen und verarbeiten. Somit trägt Forschung auf diesem Gebiet erheblich dazu bei, Verpackungsdesign in Zukunft noch effektiver als Kommunikationsmittel einzusetzen.

Summary - Englische Zusammenfassung

Contribution

Have you ever looked at a package that seemed to hold exactly what you were looking for in a brand but once you touched it your initial impression changed? If your answer is yes, you experienced imperfect bimodal branding at work. In other words, the evaluative impressions generated by two of your senses (or modes), vision and touch, did not match.

This research, examine how input from two sensory modalities (vision and touch) influences brand evaluations including effects resulting from mismatching impressions. It is suggested that one sensory modality (i.e., vision) activates brand evaluations which serve as a baseline for subsequent evaluations evoked by another sensory modality (i.e., touch).

A substantial amount of research has examined single-mode effects on brand evaluations. Research on visual cues has established effects for specific elements including shapes, colors, logos/typefaces, and pictures. Subsequent research then established systematic relations between holistic types of visual design and consumer brand evaluations. To a lesser extent, research on haptic characteristics has suggested analogous effects of touch.

While studies focusing on a single sensory mode have generated many insights, people perceive brands through multiple senses. Only few studies have focused on the interplay between modes, and the majority examines interactions between exposure to marketing communications and product experience. These studies conclude that information generated through sensory modes individually and through their interactions affect consumer brand evaluations and purchase.

Extant research on perceptual priming suggests that information is interpreted in terms of the applicable concept that is most accessible at the time of encoding. Visual and other cues (i.e., as primes) increase the accessibility of a concept (e.g., brand personality), and result in new information being processed in a manner consistent with this concept if and when the concept is applicable to the information at hand. This mechanism often results in assimilation effects of subsequent responses, for example when brand evaluations are closer to the implications of the prime than would otherwise be the case. Priming effects have been observed over a range of stimulus categories including images, semantics, and colors. While effects can be observed only when the prime is unambiguous and readily allows interpretation of the target in terms of the prime, few if any stimuli are suggested to meet those conditions better than sequential exposure to first visual and later haptic package characteristics when the brand is the target.

In consumer behavior, evidence has been found for individual differences in term of preferences for sensory information. Thus, this research also investigated, if individual differences in design acumen and need for touch mediate the effects resulting from mismatching impressions.

Relevant Literature

This research integrates work on single- (e.g. Henderson und Cote 1998; Orth und Malkewitz 2008; Underwood und Klein 2002) and multi-sensory (e.g., Krishna 2006; Krishna und Morrin 2008; Wright und Lynch 1995) effects on brand impressions with priming research (e.g. Boush 1993; Higgins 1996; Johar, Moreau und Schwarz 2003) and research on individual differences (e.g. Bloch, Brunel und Arnold 2003; Childers, Houston und Heckler 1985; Peck und Childers 2003a). This research aims to identify holistic types of package designs based on both visual and haptic characteristics, and determine how these bimodal designs relate to brand impressions.

Methodology

This research closely follow methods previously used in research on design in general (Henderson und Cote 1998; Henderson et al. 2003; Henderson, Giese und Cote 2004) and package design in particular (Bloch, Brunel und Arnold 2003; Orth und Malkewitz 2008). Specifically, the methodology involves 1) selecting an appropriate product category, 2) determining salient visual and haptic package design elements, 3) assembled a pool of stimuli, 4) obtaining expert ratings of visual and haptic elements

(Study 1) and 5) assessing unimodal (Study 2) and bimodal consumer responses (Study 3).

Three empirical studies were conducted to test the following research model (see Figure 10). Well-tested measures for all used variables have been employed in each of the studies.

Abbildung 9: Relationships Among Study Variables

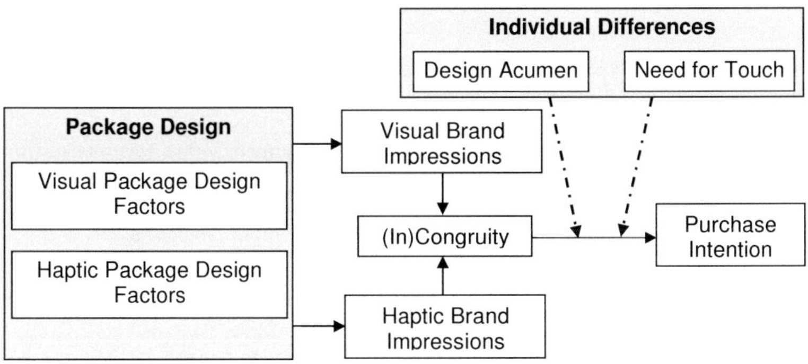

Study 1: Closely followed Henderson et al. 2003 and Orth and Malkewitz 2008 ninety-eight water package designs were selected from a variety of sources to be representative of the variance in the design elements with brands likely to be unfamiliar to customers. Actual stimuli consisted of high-resolution digital images of the packages taken in a professional photo studio with no variation in environmental conditions. Stimuli scores on visual elements were obtained by twenty-eight professional designers using a seven-point semantic differential scale. Each designer rated not more than thirty randomly selected stimuli. In all, the professionals submitted 20.450 individual ratings on the visual design elements. Ratings for the haptic design elements were obtained by thirteen visually impaired persons. Guided by research assistants each judge rated a subset of no more than sixty-five stimuli over a period of several hours with intermittent breaks. They were free to touch the stimuli at their leisure, and in fact explored them in detail. The order of stimuli presentation was counterbalanced with water bottles being presented one at a time. The judges verbally rated the haptic

design elements based on a seven-point semantic differential scale with experimenters writing down those answers. In all, this procedure generated 11.760 individual ratings on haptic design elements.

Study 2: A consumer survey was conducted to assess the brand impressions evoked by the designs with predetermined haptic and visual properties. A sample of 137 adult respondents (mean age: 34.6, 63 % females) provided a total of 39.556 individual ratings in a within-subject design consisting of two conditions. In the first condition ("*touch*") participants were blindfolded and provided brand impressions based on haptic elements only, whereas in the second condition ("*vision*") they provided impressions based on visual elements only. The order of presentation of the stimuli was counterbalanced. Respondents were invited to participate and to answer questions on a questionnaire regarding items about their perceived quality, attractiveness, brand familiarity, brand personality, beliefs about sensory brand attributes, price expectation and purchase intention.

Study 3: While study 2 related consumer impressions to holistic design types based on single-mode input (vision and haptics, respectively), study 3 extends those findings by examining impressions and purchase intentions based on bimodal input when consumers get sequentially exposed first to visual and then to haptic design characteristics which match or mismatch in the impressions evoked. Study 3 thus mimics retail environments where consumers first view packages before they touch them. Twenty stimuli based on their performance in study 2 were selected to represent extreme (large and small, respectively) differences between the visual- and haptic-based brand personality impressions. Thirty-seven consumers (mean age: 31.2 years; 51% females) participated in a within-subject design with two conditions. In contrast to study 1 in the first condition ("*vision*") participants view each design with no opportunity to touch. In the second condition ("*vision and touch*") participants both viewed and touched the packages. Each participant evaluated not more than five stimuli in both conditions with the order of stimuli counterbalanced. For each package, participants submitted their brand impressions and purchase intentions. Consumers were further asked to rate their need for touch and design acumen.

Results

Study 1: Based on similarities within the 25 visual and 15 haptic design elements among the stimuli eight generic visual (natural, harmony, elaborate, size, symmetry, compressed, weight and typeface) and four generic haptic design factors (hardness, size, texture and shape) were identified. Additionally, five types of bimodal package designs were found, differentiated through generic visual and haptic generic haptic factors of design. *Modern* designs can be described as contemporary, sophisticated, and clean, *Big Grip* designs as graspable, ergonomic, and contrasting, *Prototypical-Small* designs as, petite, delicate, and classy, *Boxy Billboards* as soft, and boxy, and *Prototypical-Large* designs as massive, robust, and bold.

Study 2: The goal of the second study was to examine, if the identified bimodal holistic types of designs are associated with generalizable impressions. The results show that bimodal holistic types differ significantly in terms of impressions evoked by haptic and visual characteristics and they communicate different price expectations. Study 2 furthermore, examined how consistently holistic types of bimodal package designs convey impressions based on their haptic and visual characteristics and the results indicate that *Modern* and *Prototypical-Large* designs evoke more favorable impressions based on the sense of vision, whereas *Prototypical-Small* and *Boxy Billboard* designs evoke more favorable impressions based on haptics.

Study 3: Counter-intuitively, extreme mismatches in brand evaluations evoked by visual and haptic design characteristics lead to higher purchase intentions with consumers than moderate mismatches or matches. This unexpected result could be due to the product category bottled water. As purchase intentions are higher for mismatching designs with the effect being enhanced by the excitement dimension, it could be speculated that a matching design is little exciting and leads to a mildly positive evaluation based on familiarity. Mismatching visual and haptic-based impressions, however, may enhance perceptions of brand uniqueness and novelty and attract viewer attention. In other words, consumers may enjoy the cognitive stimulation of figuring out a mismatch and evaluate the design more positively than one that is matching. Results indicate as well that the effect of match/ mismatch on purchase intention is mediated especially by the brand personality dimensions excitement and sincerity as well as by individual differences in design acumen.

Overall, this research underscores that a better understanding of design effects needs to account for multiple consumer sensory modes. The findings suggest that more work is needed to better understand the multiple modes of consumers obtaining and processing design information. Implications focus on assisting managers in selecting or modifying bimodal package designs for achieving desired consumer responses.

Literaturverzeichnis

Aaker, D. A. (1996), *Building Strong Brands*, New York: Free Press.

Aaker, J. L. (1997), "Dimensions of Brand Personality," *Journal of Marketing Research*, 34 (August), 347-56.

Aaker, J. L., V. Benet-Martinez und J. Garolera (2001), "Consumption Symbols as Carriers of Culture: A Study of Japanese and Spanish Brand Personality Constructs," *Journal of Personality and Social Psychology*, 81 (3), 492-508.

Aaker, J. L. und S. Fournier (1995), "A Brand as a Character, a Partner and a Person: Three Perspectives on the Question of Brand Personality," *Advances in Consumer Research*, 22, 391-95.

Aaker, J. L., S. Fournier und S. A. Brasel (2004), "When Good Brands Do Bad," *Journal of Consumer Research*, 31 (June), 1-16.

Ailawadi, K. L., D. R. Lehmann und S. A. Neslin (2003), "Revenue Premium as an Outcome Measure of Brand Equity," *Journal of Marketing*, 67 (4), 1-17.

Alba, J. W., J. W. Hutchinson und J. G. Lynch (1992), "Memory and Decision Making," in *Handbook of Consumer Behavior*, Vol. 1-49, Hg. T. S. Robertson und H. H. Kassarjian, Englewood Cliffs, NJ: Prentice Hall.

Albert, N., D. Merunkac und P. Valette-Florencee (2008), "When Consumers Love Their Brands: Exploring the Concept and Its Dimensions," *Journal of Business Research*, 61 (10), 1062-75.

Allison, R. I. und K. P. Uhl (1964), "Influence of Beer Brand Identification on Taste Perception," *Journal of Marketing Research*, 1 (3), 36-39.

Alpert, J. I. und M. I. Alpert (1989), "Background Music as an Influence in Consumer Mood and Advertising Responses," *Advances in Consumer Research*, 16, 485-91.

--- (1990), "Music Influences on Mood and Purchase Intentions," *Psychology and Marketing*, 7 (2), 109-33.

--- (1991), "Contributions from a Musical Perspective on Advertising and Consumer Behavior," *Advances in Consumer Research*, 18, 232-38.

Alpert, M. I., J. I. Alpert und E. N. Maltz (2005), "Purchase Occasion Influence on the Role of Music in Advertising," *Journal of Business Research*, 58 (3), 369– 76.

Antonides, G., P. C. Verhoef und M. Van Aalst (2002), "Consumer Perception and Evaluation of Waiting Time: A Field Experiment," *Journal of Consumer Psychology*, 12 (3), 193-202.

Areni, C. S. und D. Kim (1994), "The Influence of In-Store Lighting on Consumers' Examination of Merchandise in a Wine Store," *International Journal of Research in Marketing*, 11, 117-25.

Argo, J. J., D. W. Dahl und A. C. Morales (2006), "Consumer Contamination: How Consumers React to Products Touched by Others," *Journal of Marketing*, 70 (April), 81-94.

Babin, B. J. und J. S. Attaway (2000), "Atmospheric Affect as a Tool for Creating Value and Gaining Share of Customer," *Journal of Business Research*, 49 (2), 91–99.

Baker, J., M. Levy und D. Grewal (1992), "An Experimental Approach to Making Retail Store Environmental Decisions," *Journal of Retailing*, 68 (Winter), 445-60.

Baker, T. L., J. B. Hunt und L. L. Scribner (2002), "The Effect of Introducing a New Brand on Consumer Perceptions of Current Brand Similarity: The Roles of Product Knowledge and Involvement," *Journal of Marketing Theory and Practice*, 10 (Fall), 45–57.

Batra, R. und P. M. Homer (2004), "The Situational Impact of Brand Image Beliefs," *Journal of Consumer Psychology*, 14 (3), 318–30.

Batra, R., D. R. Lehmann und D. Singh (1993), "The Brand Personality Component of Brand Goodwill: Some Antecedents and Consequences," in *Brand Equity and Advertising*, Hg. D. A. Aaker und A. L. Biel, Hillsdale, NJ: Lawrence Erlbaum Associates, 83-96.

Behaeghel, J. (1991), *Brand Packaging - the Permanent Medium*, London: Architecture Design and Technology Press.

Belk, R. W. (1988), "Possessions and the Extended Self," *Journal of Consumer Research*, 15, 139-68.

Bellizzi, J. A., A. E. Crowley und R. W. Hasty (1983), "The Effects of Color in Store Design," *Journal of Retailing*, 59 (Spring), 21-45.

Bellizzi, J. A. und R. E. Hite (1992), "Environmental Color, Consumer Feelings, and Purchase Likelihood," *Psychology & Marketing*, 9, 347–63.

Bellizzi, J. A. und W. S. Martin (1982), "The Influence of National versus Generic Branding on Taste Perceptions," *Journal of Business Research*, 10 (3), 385-96.

Berkowitz, M. (1987), "The Influence of Shape on Product Preferences," *Advances in Consumer Research*, 14 (559).

Berlyne, D. E. (1971), *Aesthetics and Psychobiology*, New York: Appleton-Century-Crofts.

Blair, M. E. und T. A. Shimp (1992), "Consequences of an Unpleasant Experience with Music: A Second-Order Negative Conditioning Perspective," *Journal of Advertising*, 21 (1), 35-43.

Blaxton, T. A. (1989), "Investigating Dissociations among Memory Measures: Support for a Transfer-Appropriate Processing Framework," *Journal of Experimental Psychology: Learning, Memory, and Cognition*, 15, 657–68.

Bloch, P. H. (1995), "Seeking the Ideal Form: Product Design and Consumer Response," *Journal of Marketing*, 59 (July), 16-29.

Bloch, P. H., F. F. Brunel und T. J. Arnold (2003), "Individual Differences in the Centrality of Visual Product Aesthetics: Concept and Measurement," *Journal of Consumer Research*, 29 (March), 551-65.

Bornstein, R. F. (1989), "Exposure and Affect: Overview and Meta-Analysis of Research, 1968–1987," *Psychological Bulletin*, 106 (September), 265-89.

Bornstein, R. F. und P. R. D'Agostino (1992), "Stimulus Recognition and the Mere Exposure Effect," *Journal of Personality and Social Psychology*, 63 (October), 545-52.

Bosmans, A. (2006), "Scents and Sensibility: When Do (In) Congruent Ambient Scents Influence Product Evaluations?," *Journal of Marketing*, 70 (July), 32-43.

Boulding, W. und A. Kirmani (1993), "A Consumer-Side Experimental Examination of Signaling Theory: Do Consumers Perceive Warranties as Signals of Quality?," *Journal of Consumer Research*, 20 (June), 111–23.

Boush, D. M. (1993), "How Advertising Slogans Can Prime Evaluations of Brand Extensions," *Psychology & Marketing*, 10 (1), 67-78

Braun, K. A. (1999), "Postexperience Advertising Effects on Consumer Memory," *Journal of Consumer Research*, 25 (4), 319-34.

Brooker, G. und J. J. Wheatley (1994), "Music and Radio Advertising: Effects of Tempo and Placement," *Advances in Consumer Research*, 21, 286-90.

Brown, G. T., S. Rodger und A. Davis (2003), "Motor-Free Visual Perception Test Revised: an Overview and Critique," *The British Journal of Occupational Therapy*, 66 (6), 159-67.

Bruner, G. C. (1990), "Music, Mood, and Marketing," *Journal of Marketing* (October), 94-104.

Bürdek, B. E. (1991), *Design: Geschichte, Theorie und Praxis der Produktgestaltung*, Köln: DuMont.

--- (2005), *Design: Geschichte, Theorie und Praxis der Produktgestaltung*, Vol. 3, Basel: Birkhäuser.

Cameron, M. A., J. Baker, M. Peterson und K. Braunsberger (2003), "The Effects of Music, Wait-Length Evaluation, and Mood on a Low-Cost Wait Experience," *Journal of Business Research*, 56, 421-30.

Campbell, M. C. und R. C. Goodstein (2001), "The Moderating Effect of Perceived Risk on Consumers' Evaluations of Product Incongruity: Preference for the Norm," *Journal of Consumer Research*, 28 (December), 439-49.

Chebat, J.-C., C. G. Chebat und D. Vaillant (2001), "Environmental Background Music and In-Store Selling," *Journal of Business Research*, 54, 115-23.

Chebat, J. und R. Michon (2003), "Impact of Ambient Odors on Mall Shoppers' Emotions, Cognition, and Spending: A Test of Competitive Causal Theories," *Journal of Business Research*, 56, 529-39.

Chebat, J. C., K. E. Hedhli und M. J. Sirgy (2009), "How Does Shopper-Based Mall Equity Generate Mall Loyalty? A Conceptual Model and Empirical Evidence," *Journal of Retailing and Consumer Services*, 16 (1), 50-60.

Childers, T. L., M. J. Houston und S. E. Heckler (1985), "Measurement of Individual Differences in Visual versus Verbal Information Processing," *Journal of Consumer Research*, 12 (2), 125-34.

Childers, T. L. und J. Jass (2002), "All Dressed Up With Something to Say: Effects of Typeface Semantic Associations on Brand Perceptions and Consumer Memory," *Journal of Consumer Psychology*, 12 (2), 93-106.

Citrin, A. V., D. E. Stem, E. R. Spangenberg und M. J. Clark (2003), "Consumer Need for Tactile Input: An Internet Retailing Challenge," *Journal of Business Research*, 56, 915– 22.

Compeau, L. D., D. Grewal und K. Monroe (1998), "Role of Prior Affect and Sensory Cues on Consumers' Affective and Cognitive Responses and Overall Perceptions of Quality," *Journal of Business Research*, 42 (3), 295-308.

Costley, C., S. Das und M. Brucks (1997), "Presentation Medium and Spontaneous Imaging Effects on Consumer Memory," *Journal of Consumer Psychology*, 6 (3), 211-31.

Creusen, M. E. H. und J. P. L. Schoormans (2005), "The Different Roles of Product Appearance in Consumer Choice," *The Journal of Product Innovation Management*, 22, 63-81.

Danger, E. (1987), *Selecting Colour for Packaging*, London: Gower Technical Press.

Danton De Rouffignac, P. (1990), *Packaging in the Marketing Mix*, Oxford: Butterworth-Heinemann.

Davies, G. und R. Chun (2003), "The Use of Metaphor in the Exploration of the Brand Concept," *Journal of Marketing Management*, 19, 45-71.

Dawar, N. und P. Parker (1994), "Marketing Universals: Consumers' Use of Brand Name, Price, Physical Appearance, and Retailer Reputation as Signals of Product Quality," *Journal of Marketing*, 58 (April), 81-95.

Dijksterhuis, A. (2004a), "I Like Myself but I Don't Know Why: Enhancing Implicit Self-Esteem by Subliminal Evaluative Conditioning," *Journal of Personality and Social Psychology*, 86, 345–55.

--- (2004b), "Think Different: The Merits of Unconscious Thought in Preference Development and Decision Making," *Journal of Personality and Social Psychology*, 85 (5), 586–98.

Dillon, W. R., T. J. Madden, A. Kirmani und S. Mukherjee (2001), "Understanding What's in a Brand Rating: A Model for Assessing Brand and Attribute Effects and Their Relationship to Brand Equity," *Journal of Marketing Research*, 38 (4), 415-29.

Dodds, W. B., K. B. Monroe und D. Grewal (1991), "Effects of Price, Brand, and Store Information on Buyers' Product Evaluations," *Journal of Marketing Research*, 28 (August), 307-19.

Dubé, L. und S. Morin (2001), "Background Music Pleasure and Store Evaluation: Intensity Effects and Psychological Mechanisms," *Journal of Business Research*, 54 (2), 107-13.

Durgee, J. F. (1988), "Product Drama," *Journal of Advertising*, February–March, 42–49.

Engelkamp, J. (1990), *Das menschliche Gedächtnis: das Erinnern von Sprache, Bildern und Handlungen*, Göttingen [u.a.]: Hogrefe.

--- (1997), *Das Erinnern eigener Handlungen*, Göttingen [u.a.]: Hogrefe.

Engelkamp, J. und H. D. Zimmer (2006), *Lehrbuch der kognitiven Psychologie*, Göttingen [u.a.] Hogrefe.

Erlhoff, M. und T. Marshall (2008), *Design Dictionary: Perspectives on Design Technology*, Basel: Birkhäuser.

Eskilson, S. J. (2007), *Graphic Design: A New History*, London: Laurence King Publ. Ltd.

Fiore, A. M., X. Yah und E. Yoh (2000), "Effects of a Product Display and Environmental Fragrancing on Approach Responses and Pleasurable Experiences," *Psychology & Marketing*, 17 (1), 27-54.

Fiske, S. T. und S. E. Taylor (1991), *Social Cognition*, New York: McGraw-Hill.

Folkes, V. und S. Matta (2004), "The Effect of Package Shape on Consumers' Judgments of Product Volume: Attention as a Mental Contaminant," *Journal of Consumer Research*, 31 (2), 390-401.

Fournier, S. (1998), "Consumers and Their Brands: Developing Relationship Theory in Consumer Research," *Journal of Consumer Research*, 24 (March), 343-73.

Garber, L. L., R. R. Burke und J. M. Jones (2000), "The Role of Package Color in Consumer Purchase Consideration and Choice " Working paper, Marketing Science Institute, Cambridge.

Garber, L. L., E. M. Hyatt und R. G. Starr (2000), "The Effects of Food Color on Perceived Flavor," *Journal of Marketing Theory and Practice*, 8 (4), 59-73.

Geistfeld, L. V., G. B. Sproles und S. B. Badenhop (1977), "The Concept and Measurement of Hierarchy of Product Characteristics," *Advances in Consumer Research*, 4, 302-07.

Gibson, J. J. (1966), *The Senses Considerated as Perceptual Systems*, Boston [u.a.]: Houghton Mifflin.

Giese, J. L., K. Malkewitz, U. R. Orth und P. W. Henderson (201X), "The Principle of Balanced Design Propositions: Moving Towards a Theory Based on Design Attractiveness and Strength " *Journal of Consumer Psychology*, revised Version under Review.

Goldberg, M. E. und G. G. Gorn (1987), "Happy and Sad TV Programs: How They Affect Reactions to Commercials," *Journal of Consumer Research*, 14 (December), 387-403.

Goldreich, D. und I. M. Kanics (2006), "Performance of Blind and Sighted Humans on a Tactile Grating Detection Task," *Perception & Psychophysics*, 68 (8), 1363-71.

Gorn, G. J. (1982), "The Effects of Music in Advertising on Choice Behavior: A Classical Conditioning Approach " *Journal of Marketing*, 46 (1), 94-101.

Gorn, G. J., A. Chattopadhyay, J. Sengupta und S. Tripathi (2004), "Waiting for the Web: How Screen Color Affects Time Perception," *Journal of Marketing Research*, 41 (2), 215–25.

Gorn, G. J., M. E. Goldberg und K. Basu (1993), "Mood, Awareness, and Product Evaluation " *Journal of Consumer Psychology*, 2 (3), 237-56.

Grohmann, B., E. R. Spangenberg und D. E. Sprott (2007), "The Influence of Tactile Input on the Evaluation of Retail Product Offerings," *Journal of Retailing*, 83 (2), 237–45.

Gulas, C. S. und P. H. Bloch (1995), "Right under Our Noses: Ambient Scent and Consumer Responses," *Journal of Business and Psychology*, 10 (1), 87-98.

Hair, J. F., R. E. Anderson, R. L. Tatham und W. C. Black (1998), *Multivariate Data Analysis*, Vol. 5, Upper Saddle River, New Jersey: Prentice-Hall.

Hamilton, R., J. Hong und A. Chernev, "Perceptual Focus Effects in Choice," *Journal of Consumer Research*, 34 (August), 187–99.

Hauser, J. R. und B. Wernerfelt (1990), "An Evaluation Cost Model of Consideration Sets," *Journal of Consumer Research*, 16 (March), 393-408.

Heckler, S. E. und T. L. Childers (1992), "The Role of Expectancy and Relevancy in Memory for Verbal and Visual Information: What is Incongruency?," *Journal of Consumer Research*, 18 (4), 475-92.

Hekkert, P. (2006), "Design Aesthetics: Principles of Pleasure in Design," *Psychology Science*, 48 (2), 157-72.

Hekkert, P. und P. C. W. van Wieringen (1990), "Complexity and Prototypicality as Determinants of the Appraisal of Cubist Paintings," *British Journal of Psychology*, 81 (4), 483-95.

Heller, M. A. (1991), "Haptic Perception in Blind People," in *The Psychology of Touch*, Hg. M. A. Heller und W. Schiff, Hillsdale, NJ: Erlbaum.

Heller, N. (1956), "An Application of Psychological Learning Theory to Advertising," *The Journal of Marketing*, 20 (3), 248-54.

Henderson, P. W. und J. A. Cote (1998), "Guidelines for Selecting or Modifying Logos," *Journal of Marketing*, 62 (April), 14-30.

Henderson, P. W., J. A. Cote, S. M. Leong und B. Schmitt (2003), "Building Strong Brands in Asia: Selecting the Visual Components of Image to Maximize Brand Strength," *International Journal of Research in Marketing*, 20 (4), 297–313.

Henderson, P. W., J. L. Giese und J. A. Cote (2004), "Impression Management Using Typeface Design," *Journal of Marketing*, 68 (October), 60–72.

Higgins, E. T. (1996), "Knowledge Activation: Accessibility, Applicability, and Salience," in *Social Psychology: Handbook of Basic Principles*, Hg. E. T. Higgins und A. W. Kruglanski, New York: Guilford, 133-68.

Hirsch, A. R. (1995), "Effects of Ambient Odors on Slot-Machine Usage in a Las Vegas Casino," *Psychology & Marketing*, 12 (7), 585-94.

Hirschman, E. C. (1986), "The Effect of Verbal and Pictorial Advertising Stimuli on Aesthetic, Utilitarian, and Familiarity Perception," *Journal of Advertising*, 15 (2), 27-34.

Hirschman, E. C. und M. B. Holbrook (1982), "Hedonic Consumption: Emerging Concepts, Methods and Propositions," *Journal of Marketing*, 46 (Summer), 92–101.

Holbrook, M. B. (1983), "On the Importance of Using Real Products in Research on Merchandising Strategy," *Journal of Retailing*, 59 (1), 4-23.

--- (1986), "Aims, Concepts, and Methods for the Representation of Individual Differences in Aesthetic Responses to Design Features," *Journal of Consumer Research*, 13 (3), 337-47.

Holbrook, M. B. und J. Huber (1979), "Separating Perceptual Dimensions from Affective Overtones: An Application to Consumer Aesthetics," *Journal of Consumer Research*, 5 (March).

Homburg, C. und H. Baumgartner (1998), "Beurteilung von Kausalmodellen – Bestandsaufnahme und Anwendungsempfehlungen," in *Die Kausalanalyse: ein Instrument der empirischen betriebswirtschaftlichen Forschung*, Hg. L. Hildebrandt und C. Homburg, Stuttgart: Schäffer-Poeschel, 343-69.

Homburg, C., M. Klarmann und C. Pflesser (2008), "Konfirmatorische Faktorenanalyse," in *Handbuch Marktforschung: Methoden – Anwendungen – Praxisbeispiele*, Vol. 3, Hg. A. Herrmann, C. Homburg und M. Klarmann, Wiesbaden: Gabler, 271-304.

Hornik, J. (1992), "Tactile Stimulation and Consumer Response," *Journal of Consumer Research*, 19 (3), 449-58.

Houston, M. J., T. L. Childers und S. E. Heckler (1987), "Picture-Word Consistency and the Elaborative Processing of Advertisements," *Journal of Marketing Research*, 24 (November), 359-69.

Hui, M. K., L. Dubé und J. Chebat (1997), "The Impact of Music on Consumers' Reactions to Waiting for Services," *Journal of Retailing*, 73 (Spring), 87-104.

Jacoby, L. L. und M. Dallas (1981), "On the Relationship between Autobiographical Memory and Perceptual Learning," *Journal of Experimental Psychology: General*, 110 (September), 306-40.

Jagre, E., J. J. Watson und J. G. Watson (2001), "Sponsorship and Congruity Theory: A Theoretical Framework for Explaining Consumer Attitude and Recall of Event Sponsorship," *Advances in Consumer Research*, 28, 439-45.

Janiszewski, C. und T. Meyvis (2001), "Effects of Brand Logo Complexity, Repetition, and Spacing on Processing Fluency and Judgment," *Journal of Consumer Research*, 28, 18-32.

Johar, G. V., P. Moreau und N. Schwarz (2003), "Gender Typed Advertisements and Impression Formation: The Role of Chronic and Temporary Accessibility," *Journal of Consumer Psychology*, 13 (3), 220-29.

Johnson, L. W., G. N. Soutar und J. C. Sweeney (2000), "Moderators of the Brand Image/Perceived Product Quality Relationship," *The Journal of Brand Management*, 7 (6), 425-33.

Johnson, S. L., R. Summer und V. Martino (1985), "Consumer Behavior at Bulk Food Bins," *Journal of Consumer Research*, 12 (1), 114-17.

Katz, D. (1950), *Gestalt Psychology*, New York: The Ronald Press Company.

Kellaris, J. J., A. D. Cox und D. Cox (1993), "The Effect of Background Music on Ad Processing: A Contingency Explanation," *Journal of Marketing*, 57 (October), 114-25.

Kellaris, J. J. und R. J. Kent (1994), "An Exploratory Investigation of Responses Elicited by Music Varying in Tempo, Tonality, and Texture," *Journal of Consumer Psychology*, 2 (4), 381-401.

Keller, K. L. (1993), "Conceptualizing, Measuring, and Managing Customer-Based Brand Equity," *Journal of Marketing*, 57 (January), 1-22.

--- (2003), "Brand Synthesis: The Multidimensionality of Brand Knowledge," *Journal of Consumer Research*, 29 (4), 595-600.

Keller, K. L. und D. R. Lehmann (2006), "Brands and Branding: Research Findings and Future Priorities," *Marketing Science*, 25 (6), 740-59.

King, D. B., M. Wertheimer, H. Keller und K. Crochetiere (1994), "The Legacy of Max Wertheimer and Gestalt Psychology," *Social Research*, 61 (4), 907-35.

Kirmani, A. und B. Shiv (1998), "Effects of Source Congruity on Brand Attitudes and Beliefs: The Moderating Role of Issue-Relevant Elaboration," *Journal of Consumer Psychology*, 7 (1), 25-47.

Kirmani, A. und P. Wright (1989), "Money Talks: Perceived Advertising Expense and Expected Product Quality," *Journal of Consumer Research*, 16, 344–53.

Klatzky, R. L., S. J. Lederman und D. E. Matula (1993), "Haptic Exploration in the Presence of Vision," *Journal of Experiential Psychology: Human Perception and Performance*, 19 (4), 726-43.

Klatzky, R. L., S. J. Lederman und V. A. Metzger (1985), "Identifying Objects by Touch: An "Expert System"," *Perception & Psychophysics*, 37, 299-302.

Koffka, K. (1922), "Perception: An Introduction to the Gestalt-Theorie," *Psychological Bulletin*, 19 (October), 531-85.

--- (1931), "Gestalt," in *Encyclopedia of the Social Sciences*, Vol. 6, New York, 642-46.

--- (1935), *Principles of Gestalt Psychology*, New York: Harcourt, Brace and Co.

Köhler, W. (1969), *The Task of Gestalt Psychology* Princton University Press.

Kotler, P. (1991), *Marketing Management*, Englewood Cliffs, NJ: Prentice-Hall.

Kozak, G. und J. Wiedemann (2008), *Package Design Now!*, Köln: Taschen.

Krider, R. E., P. Raghubir und A. Krishna (2001), "Pizzas: IT or Square? Psychophysical Biases in Area Comparisons," *Marketing Science*, 20 (4), 405-25.

Krishna, A. (2006), "Interaction of Senses: The Effect of Vision versus Touch on the Elongation Bias," *Journal of Consumer Research*, 32 (March).

Krishna, A. und M. Morrin (2008), "Does Touch Affect Taste? The Perceptual Transfer of Product Container Haptic Cues," *Journal of Consumer Research*, 34 (6), 807-18.

Krosnick, J. A., A. L. Betz, L. J. Jussim und A. R. Lynn (1992), "Subliminal Conditioning of Attitudes," *Personality and Social Psychology Bulletin*, 18, 152–62.

Kunst-Wilson, W. R. und R. B. Zajonc (1980), "Affective Discrimination of Stimuli that Cannot Be Recognized," *Science*, 207, 557-58.

Labroo, A. A., R. Dhar und N. Schwarz (2008), "Of Frog Wines and Frowning Watches: Semantic Priming, Perceptual Fluency, and Brand Evaluation," *Journal of Consumer Research*, 34 (April), 819-31.

Labroo, A. A. und A. Y. Lee (2006), "Between Two Brands: A Goal Fluency Account of Brand Evaluation," *Journal of Marketing Research*, 43 (August), 374–85.

Lai, H.-H. und Y.-C. Chen (2006), "A Study on the Blind's Sensory Ability," *International Journal of Industrial Ergonomics*, 36, 565–70.

Lawson, B. (1983), *How Designers Think*, Westfield, NJ: Eastview Editions.

LeClerc, F., B. Schmitt und L. Dubé (1994), "Foreign Branding and Its Effects on Product Perceptions and Attitudes," *Journal of Marketing Research*, 31 (2), 263-70.

Lederman, S. J. und R. L. Klatzky (1987), "Hand Movements: A Window into Haptic Object Recognition," *Cognitive Psychology*, 19 (3), 342-68.

--- (1990), "Haptic Classification of Common Objects: Knowledge-Driven Exploration," *Cognitive Psychology*, 22, 421-59.

--- (2004), "Haptic Identification of Common Objects: Effects of Constraining the Manual Exploration Process," *Perception & Psychophysics*, 66 (4), 618–28.

Lee, A. Y. (2002), "Effects of Implicit Memory on Memory-Based Versus Stimulus-Based Brand Choice," *Journal of Marketing Research*, 39 (November), 440–54.

Lee, A. Y. und A. A. Labroo (2004), "The Effect of Conceptual and Perceptual Fluency on Brand Evaluation," *Journal of Marketing Research*, 4 (2), 151-65.

Lee, E.-J. und D. W. Schumann (2004), "Explaining the Special Case of Incongruity in Advertising: Combining Classical Theoretical Approaches," *Marketing Theory*, 4 (1/2), 59-90.

Lee, Y. H. und C. Mason (1999), "Responses to Information Incongruency in Advertising: The Role of Expectancy, Relevancy, and Humor," *Journal of Consumer Research*, 26 (September), 156–69.

Levin, I. P. und G. J. Gaeth (1988), "How Consumers Are Affected by the Framing of Attribute Information Before and After Consuming the Product," *Journal of Consumer Research*, 15 (3), 374-78.

Lewicki, P., T. Hill und I. Sasaki (1989), "Self-Perpetuating Development of Encoding Biases," *Journal of Experiential Psychology: General*, 118, 323-37.

Limon, Y., L. R. Kahle und U. R. Orth (2009), "Package Design as a Communications Vehicle in Cross-Cultural Values Shopping," *Journal of International Marketing*, 17 (1), 30-57.

Lindstrom, M. (2005a), *Brand Sense: Build Powerful Brands through Touch, Smell, Sight, and Sound*, New York [u.a.]: Free Press.

--- (2005b), "Broad Sensory Branding," *Journal of Product & Brand Management*, 14 (2), 84-87.

Linxweiler, R. (2005), "Ganzheitliche Gestaltung der Markenelemente," in *Praxisorientierte Markenführung: Neue Strategien, innovative Instrumente und aktuelle Fallstudien*, Vol. 1, Hg. B. Gaiser, R. Linxweiler und V. Brucker, Wiesbaden: Gabler, 245-69.

Loken, B. und J. Ward (1990), "Alternative Approaches to Understanding the Determinants of Typicality," *Journal of Consumer Research*, 17 (2), 111-26.

Lynch, J. G. (1999), "Theory and External Validity," *Journal of the Academy of Marketing Science*, 27 (3), 367–76.

MacInnis, D. J. und C. W. Park (1991), "The Differential Role of Characteristics of Music on High- and Low-Involvement Consumers' Processing of Ads," *Journal of Consumer Research*, 18 (September), 161-73.

Macklin, M. C. (1994), "The Impact of Audiovisual Information on Children's Product-Related Recall," *Journal of Consumer Research*, 21 (1), 154-64.

Malhotra, N. K. (1996), *Marketing Research: An Applied Orientation*, Vol. 2, Upper Saddle River, NJ: Prentice Hall.

Mandel, N. und E. J. Johnson (2002), "When Web Pages Influence Choice: Effects of Visual Primes on Experts and Novices," *Journal of Consumer Research*, 29 (2), 235-45.

Mandler, G. (1982), "The Structure of Value: Accounting for Taste," in *Affect and Cognition: The 17th Annual Carnegie Symposium on Cognition*, Hg. M. S. Clark und S. T. Fiske, Hillsdale, NJ: Erlbaum, 3-36.

Mandler, G., Y. Nakamura und B. J. van Zandt (1987), "Non-Specific Effects of Exposure to Stimuli that Cannot Be Recognized," *Journal of Experimental Psychology: Learning, Memory, and Cognition*, 13 (October), 646–48.

Mattila, A. S. und J. Wirtz (2001), "Congruency of Scent and Music as a Driver of In-Store Evaluations and Behavior," *Journal of Retailing*, 77, 273-89.

Mazza, V., M. Turatto und C. Umilta (2005), "Foreground-Background Segmentation and Attention: A Change Blindness Study," *Psychological Research*, 69, 201-10.

McCabe, D. B. und S. M. Nowlis (2003a), "The Effect of Examining Actual Products or Product: Descriptions on Consumer Preference," *Journal of Consumer Psychology*, 13 (4), 431–39.

--- (2003b), "The Effect of Examining Actual Products or Product: Descriptions on Consumer Preference," *Journal of Consumer Psychology*, 13 (4), 431–39.

McCarthy, M. S. und D. L. Mothersbaugh (2002), "Effects of Typographic Factors in Advertising-Based Persuasion: A General Model and Initial Empirical Tests," *Psychology and Marketing*, 19 (July–August), 663–91.

Meyer, S. (2001), *Produkthaptik: Messung, Gestaltung und Wirkung aus verhaltenswissenschaftlicher Sicht*, Wiesbaden: Gabler.

Meyers-Levy, J. (1988), "The Influence of Sex Roles on Judgment," *Journal of Consumer Research*, 14 (March), 522-30.

--- (1989), "Priming Effects on Product Judgments: A Hemispheric Interpretation," *Journal of Consumer Research*, 16, 76-86.

Meyers-Levy, J., T. A. Louie und M. T. Curren (1994), "How Does the Congruity of Brand Names Affect Evaluations of Brand Name Extensions?," *Journal of Applied Psychology*, 79 (1), 46-53.

Meyers-Levy, J. und A. M. Tybout (1989), "Schema Congruity as a Basis for Product Evaluation," *Journal of Consumer Research*, 16 (1), 39-54.

Meyers, H. und R. Gerstman (2005), *The Visionary Package –Using Packaging to Build Effective Brands*, New York: Palgrave MacMillan.

Michon, R., J. Chebat und L. W. Turley (2005), "Mall Atmospherics: The Interaction Effects of the Mall Environment on Shopping Behavior," *Journal of Business Research*, 58, 576-83.

Milliman, R. E. (1982), "Using Background Music to Affect the Behavior of Supermarket Shoppers," *Journal of Marketing*, 46 (Summer), 86-91.

--- (1986), "The Influence of Background Music on the Behavior of Restaurant Patrons," *Journal of Consumer Research*, 13 (September), 286-89.

Miram, W. und D. Krumwiede (2003), *Informationsverarbeitung: Reizphysiologie, Sinnesphysiologie, Neurophysiologie, Kybernetik*, Hannover: Schroedel-Schulbuchverlag.

Mitchell, D. J., B. E. Kahn und S. C. Knasko (1995), "There's Something in the Air: Effects of Congruent or Incongruent Ambient Odor on Consumer Decision Making," *Journal of Consumer Research*, 22 (2), 229-38.

Morin, S., L. Dubé und J.-C. Chebat (2007), "The Role of Pleasant Music in Servicescapes: A Test of the Dual Model of Environmental Perception," *Journal of Retailing*, 83 (1), 115–30.

Morrin, M. und S. Ratneshwar (2000), "The Impact of Ambient Scent on Evaluation, Attention, and Memory for Familiar and Unfamiliar Brands," *Journal of Business Research*, 49 (2), 157-65

--- (2003), "Does It Makes Sense to Use Scents to Enhance Brand Memory," *Journal of Marketing Research*, 40 (1), 10-25.

Nedungadi, P. (1990), "Recall and Consumer Consideration Sets: Influencing Choice Without Altering Brand Evaluations," *Journal of Consumer Research*, 17 (3), 263-76.

Newell, F. N. (2004), "Cross-Modal Object Recognition," in *The Handbook of Multisensory Processes*, Hg. G. A. Calvert, C. Spence und B. E. Stein, Cambridge, Mass. [u.a.]: MIT Press, 123-39.

Newman, S. D., R. L. Klatzky, S. J. Lederman und M. A. Just (2005), "Imagining Material versus Geometric Properties of Objects: An fMRI Study," *Cognitive Brain Research*, 23, 235– 46.

North, A. C. und D. J. Hargreaves (1998), "The Effect of Music on Atmosphere and Purchase Intentions in a Cafeteria," *Journal of Applied Social Psychology*, 28 (24), 2254-73.

North, A. C., D. J. Hargreaves und J. McKendick (1999), "The Influence of In-Store Music on Wine Selections," *Journal of Applied Psychology*, 84 (2), 271-76.

Novemsky, N., R. Dhar, N. Schwarz und I. Simonson (2007), "Preference Fluency in Choice," *Journal of Marketing Research*, 44 (4), 347-56.

Nowlis, S. M. und B. Shiv (2005), "The Influence of Consumer Distractions on the Effectiveness of Food-Sampling Programs," *Journal of Marketing Research*, 42 (2), 157.

Olsen, G. D. (1997), "The Impact of Interstimulus Interval and Background Silence on Recall," *Journal of Consumer Research*, 23 (4), 295-303.

Orth, U. R., D. Campana und K. Malkewitz (2010), "Formation of Consumer Price Expectation Based on Package Design: Attractive and Quality Routes," *Journal of Marketing Theory and Practice*, 18 (1), 23–40.

Orth, U. R. und R. De Marchi (2007), "Understanding the Relationships between Functional, Symbolic, and Experiential Brand Beliefs, Product Experiential Attributes, and Product Schema: Advertising-Trial Interactions Revisited," *Journal of Marketing Theory and Practice*, 15 (3), 219-33.

Orth, U. R., F. Heinrich und K. Malkewitz (201X), "Servicescape Interior Design and Consumers' Personality Impressions," *Journal of Services Marketing*, revised Version under Review.

--- (2009), "Servicescape Interior Design and Consumers' Personality Impressions," *Journal of Services Marketing*, revised Version under Review.

Orth, U. R. und K. Malkewitz (2008), "Holistic Package Design and Consumer Brand Impressions," *Journal of Marketing*, 27 (3), 64-81.

--- (2009), "Good from Far but Far from Good: The Effects of Visual Fluency on Impressions of Package Design," *Advances in Consumer Research*, 36, 696-97.

Osborne, D. J. (1987), *Ergonomics at Work*, New York: John Wiley & Sons, Inc.

Park, C. W., B. J. Jaworski und D. J. MacInnis (1986), "Strategic Brand Concept-Image Management," *Journal of Marketing*, 50 (4), 135-45.

Park, C. W. und S. M. Young (1986), "Consumer Response to Television Commercials: The Impact of Involvement and Background Music on Brand Attitude Formation," *Journal of Marketing Research*, 23 (1), 11-24.

Peck, J. und T. L. Childers (2003a), "Individual Differences in Haptic Information Processing: The "Need for Touch" Scale," *Journal of Consumer Research*, 30 (December), 430-42.

--- (2003b), "To Have and to Hold: The Influence of Haptic Information on Product Judgments," *Journal of Marketing*, 67 (April), 35-48.

--- (2006), "If I Touch it I Have to Have it: Individual and Environmental Influences on Impulse Purchasing " *Journal of Business Research*, 59, 765–69.

--- (2007), "Effects of Sensory Factors on Consumer Behaviors: If It Taste, Smells, Sounds, and Feels Like a Duck, Then It Must Be A..." in *Handbook of Consumer Psychology*, ed. C. P. Haugtvedt, P. M. Herr und F. R. Kardes, New York [u.a.]: Erlbaum.

Peck, J. und S. B. Shu (2009), "The Effect of Mere Touch on Perceived Ownership," *Journal of Consumer Research*, 36 (October), 434-47.

Peck, J. und J. Wiggins (2006), "It Just Feels Good: Customers' Affective Response to Touch and its Influence on Persuasion," *Journal of Marketing*, 70 (October), 56-69.

Pegler, M. M. (2008), *Excellence in Exhibit and Event Design*, New York: Visual Reference Publications Inc.

Pepper, S. C. (1949), *Principles of Art Appreciation*, New York: Harcourt, Brace and World.

Peracchio, L. A. und A. M. Tybout (1996), "The Moderating Role of Prior Knowledge in Schema-Based Product Evaluation," *Journal of Consumer Research*, 23 (December), 177-92.

Petty, R. E., J. T. Cacioppo und D. Schumann (1983), "Central and Peripheral Routes to Advertising Effectiveness: The Moderating Role of Consumer Involvement," *Journal of Consumer Research*, 10 (September), 135–46.

Plummer, J. T. (1985), "How Personality Makes a Difference," *Journal of Advertising Research*, 24 (December/January), 27–31.

POPAI (1995), *The 1995 POPAI Consumer Buying Habits Study*, Englewood, NJ: Point-of-Purchase Advertising Institute.

Quinlan, P. T. und R. N. Wilton (1998), "Grouping by Proximity or Similarity? Competition between the Gestalt Principles in Vision," *Perception*, 27 (4), 417–30.

Raghubir, P. und E. A. Greenleaf (2006), "Ratios in Proportion: What Should the Shape of the Package Be?," *Journal of Marketing*, 70 (2), 95-107.

Raghubir, P. und A. Krishna (1999), "Vital Dimensions in Volume Perception: Can the Eye Fool the Stomach?," *Journal of Marketing Research*, 36 (3), 313-26.

Rao, A. R. und K. B. Monroe (1988), "The Moderating Effect of Prior Knowledge on Cue Utilization in Product Evaluations," *Journal of Consumer Research*, 15 (September), 253–64.

--- (1989), "The Effect of Price, Brand Name, and Store Name on Buyers' Perceptions of Product Quality: An Integrative Review," *Journal of Marketing Research*, 26 (3), 351-57.

Reber, R., N. Schwarz und P. Winkielman (2004), "Processing Fluency and Aesthetic Pleasure: Is Beauty in the Perceiver's Processing Experience?," *Personality & Social Psychology Review*, 8 (4), 364-82.

Reber, R., P. Winkielman und N. Schwarz (1998), "Effects of Perceptual Fluency on Affective Judgments," *Psychological Science*, 9 (January), 45-48.

Rego, L. L., M. T. Billett und N. A. Morgan (2009), "Consumer-Based Brand Equity and Firm Risk," *Journal of Marketing*, 73 (November), 47–60.

Rettie, R. und C. Brewer (2000), "The Verbal and Visual Components of Package Design," *Journal of Product and Brand Management*, 9 (1), 56-70.

Richardson, P. S., A. S. Dick und A. K. Jain (1994), "Extrinsic and Intrinsic Cue Effects on Perceptions of Store Brand Quality," *Journal of Marketing*, 58 (October), 28-36.

Riewoldt, O. (2002), *Brandscaping: Worlds of Experience in Retail Design*, Basel: Birkhäuser.

Roberts, M. L. und J. R. Taylor (1975), "Analyzing Proximity Judgments in an Experimental Design," *Journal of Marketing Research*, 12 (1), 68-72.

Rompay, T. V. und A. Pruyn (2008), "Brand Visualization: Effects of 'Product Shape-Typeface Design' Congruence on Brand Perceptions and Price Expectations," *Advances in Consumer Research*, 35, 825-26.

Russell, C. A. (2002), "Investigating the Effectiveness of Product Placements in Television Shows: The Role of Modality and Plot Connection Congruence on Brand Memory and Attitude," *Journal of Consumer Research*, 29 (3), 306-18.

Schacter, D. L. (1987), "Implicit Memory: History and Current Status," *Journal of Experimental Psychology: Learning, Memory, and Cognition*, 13 (3), 501-18.

Schandry, R. (2006), *Biologische Psychologie*, Vol. 2, Weinheim: Beltz-PVU.

Schmidt, R. F. (1993), *Grundriß der Sinnesphysiologie*, Vol. 5, Berlin [u.a.]: Springer.

Schmidt, R. F. und F. Lang (2007), *Physiologie des Menschen*, Vol. 30, Berlin, Heidelberg: Springer.

Schmidt, R. F. und H.-G. Schaible (2006), *Neuro- und Sinnesphysiologie*, Vol. 5, Berlin, Heidelberg: Springer.

Schmielau, F. (1987), *Einführung in die Sinnesphysiologie*, Stuttgart: Teubner.

Schmitt, B. H. und C. J. I. Shultz (1995), "Situational Effects on Brand Preferences for Image Products," *Psychology & Marketing*, 12 (5), 433-46.

Schneider, B. (2005), *Design: Eine Einführung - Entwurf im sozialen, kulturellen und wirtschaftlichen Kontext*, Basel [u.a.]: Birkhäuser.

Schneider, K. C. (1977), "Prevention of Accidental Poisoning Through Package and Label Design," *Journal of Consumer Research*, 4 (2), 67-74.

Schoormans, J. P. L. und H. S. J. Robben (1997), "The Effect of New Package Design on Product Attention, Categorization and Evaluation," *Journal of Economic Psychology*, 18 (2/3), 271-87.

Schwarz, N. (2004), "Metacognitive Experiences in Consumer Judgment and Decision Making," *Journal of Consumer Psychology*, 14 (4), 332-48.

Scott, C. A. und R. F. Yalch (1980), "Consumer Response to Initial Product Trial: A Bayesian Analysis.," *Journal of Consumer Research*, 7 (1), 32-41.

Sewall, M. A. und D. Sarel (1986), "Characteristics of Radio Commercials and Their Recall Effectiveness," *Journal of Marketing*, 50 (January), 50-60.

Shapiro, S. (1999), "When an Ad's Influence Is beyond Our Conscious Control: Perceptual and Conceptual Fluency Effects Caused by Incidental Ad Exposure," *Journal of Consumer Research*, 26 (June), 16-36.

Shaver, K. G. (1987), *Principles of Social Psychology*, Vol. 3. ed., NJ [u.a.]: Erlbaum.

Shen, H., Y. Jiang und R. Adaval (2010), "Contrast and Assimilation Effects of Processing Fluency," *Journal of Consumer Research*, 36 (February).

Sheth, J. N., B. I. Newman und B. L. Gross (1991), "Why We Buy What We Buy: A Theory of Consumption Values," *Journal of Business Research*, 22 (2), 159-70.

Shiv, B. und S. M. Nowlis (2004), "The Effect of Distractions While Tasting a Food Sample: The Interplay of Informational and Affective Components in Subsequent Choice," *Journal of Consumer Research*, 31 (3), 599-608.

Sirgy, M. J., D. Grewal und T. Mangleburg (2000), "Retail Environment, Self-Congruity, and Retail Patronage: An Integrative Model and a Research Agenda," *Journal of Business Research*, 49 (2), 127-38.

Smith, R. E. und W. R. Swinyard (1983), "Attitude-Behavior Consistency: The Impact of Product Trial versus Advertising," *Journal of Marketing Research*, 20 (3), 257-67.

Solomon, M. R. (1983), "The Role of Products as Social Stimuli: A Symbolic Interactionist Perspective," *Journal of Consumer Research*, 10, 319-29.

--- (1996), *Consumer Behavior*, New Jersey: Prentice Hall, Inc.

Spangenberg, E. R., A. E. Crowley und P. W. Henderson (1996), "Improving the Store Environment: Do Olfactory Cues Affect Evaluations and Behaviors?," *Journal of Marketing*, 60 (April), 67-80.

Spangenberg, E. R., B. Grohmann und D. E. Sprott (2005), "It's Beginning to Smell (and Sound) a lot like Christmas: The Interactive Effects of Ambient Scent and Music in a Retail Setting," *Journal of Business Research*, 58, 1583– 89.

Spangenberg, E. R., D. E. Sprott, B. Grohmann und D. L. Tracy (2006), "Gender-Congruent Ambient Scent Influences on Approach and Avoidance Behaviors in a Retail Store," *Journal of Business Research*, 59, 1281–87.

Sprott, D. E. und T. A. Shimp (2004), "Using Product Sampling to Augment the Perceived Quality of Store Brands," *Journal of Retailing*, 80, 305-15.

Stangor, C. und D. McMillan (1992), "Memory for Expectancy-Congruent and Expectancy-Incongruent Information: A Review of the Social and Social Developmental Literatures," *Psychological Bulletin*, 111 (1), 42-61.

Stayman, D. M., D. L. Alden und K. H. Smith (1992), "Some Effects of Schematic Processing on Consumer Expectations and Disconfirmation Judgements," *Journal of Consumer Research*, 19 (September), 240-55.

Steffen, D. (2000), *Design als Produktsprache - Der „Offenbacher Ansatz“ in Theorie und Praxis*, Frankfurt/M.: Form.

Steinberg, S. A. und R. F. Yalch (1978), "When Eating Begets Buying: The Effects of Food Samples on Obese and Nonobese Shoppers," *Journal of Consumer Research*, 4 (4), 243-46.

Stewart, D. W. und G. N. Punj (1998), "Effects of Using a Nonverbal (Musical) Cue on Recall and Playback of Television Advertising: Implications for Advertising Tracking," *Journal of Business Research*, 42, 39–51.

Sujan, M. (1985), "Consumer Knowledge: Effects on Evaluation Strategies Mediating Consumer Judgements," *Journal of Consumer Research*, 12 (June), 31-46.

Summers, T. A. und P. R. Hebert (2001), "Shedding Some Light on Store Atmospherics: Influence of Illumination on Consumer Behavior " *Journal of Business Research*, 54, 145– 50.

Sung, Y. und S. F. Tinkham (2005), "Brand Personality Structures in the United States and Korea: Common and Culture-specific Factors," *Journal of Consumer Psychology*, 15 (4), 334-50.

Sweeney, J., G. N. Soutar und L. Johnson (1999), "The Role of Perceived Risk in the Quality-Value Relationship: A Study in a Retail Environment," *Journal of Retailing*, 75 (1), 77-105.

Tavassoli, N. T. und Y. H. Lee (2003), "The Differential Interaction of Auditory and Visual Advertising Elements with Chinese and English," *Journal of Marketing Research*, 15 (November), 468-80.

Teas, R. K. und S. Agarwal (2000), "The Effects of Extrinsic Product Cues on Consumers' Perceptions of Quality, Sacrifice, and Value," *Journal of Academy of Marketing Science*, 28 (2), 278-90.

Thompson, L. (1996), "Lifting the Lid on Packaging Research," *The Journal of Brand Management*, 3 (5), 289-95.

Thomson, M., D. J. MacInnis und C. W. Park (2005), "The Ties That Bind: Measuring the Strength of Consumers’ Emotional Attachments to Brands," *Journal of Consumer Psychology*, 15 (1), 77–91.

Tulving, E. und D. L. Schacter (1990), "Priming and Human Memory Systems," *Science*, 247 (4940), 301-06.

Underhill, P. (2000), *Why We Buy: The Science of Shopping*, New York [u.a.]: Simon & Schuster Paperbacks.

Underwood, R. L. (2003), "The Communicative Power of Product Packaging: Creating Brand Identity via Lived and Mediated Experience," *Journal of Marketing Theory and Practice*, 9 (Winter), 62-76.

Underwood, R. L. und N. M. Klein (2002), "Packaging as Brand Communication: Effects of Product Pictures on Consumer Responses to the Package and Brand," *Journal of Marketing Theory and Practice*, 10 (4), 58-68.

Underwood, R. L. und J. L. Ozanne (1998), "Is your Package an Effective Communicator? A Normative Framework for Increasing the Communicative Competence of Packaging," *Journal of Marketing Communication*, 4 (4), 207-20.

Unnava, H. R., S. Agarwal und C. P. Haugtvedt (1996), "Interactive Effects of Presentation Modality and Message-Generated Imagery on Recall of Advertising Information," *Journal of Consumer Research*, 23 (June), 81-88.

van den Bergh, O. und S. R. Vrana (1998), "Repetition and Boredom in a Perceptual Fluency/Attributional Model of Affective Judgment," *Cognition and Emotion*, 12 (4), 533-53.

van Roojen, R. (2008), *Structural Package Design*, Vol. 9, Amsterdam: The Pepin Press.

Veryzer, R. W. (1993), "Aesthetic Response and the Influence of Design Principles on Product Preferences," *Advances in Consumer Research*, 20, 224-29.

--- (1995), "The Place of Product Design and Aesthetics in Consumer Research," *Advances in Consumer Research*, 22, 641-45.

--- (1999), "A Nonconscious Processing Explanation of Consumer Response to Product Design," *Psychology and Marketing*, 16 (6), 497-522.

Veryzer, R. W. und J. W. Hutchinson (1998), "The Influence of Unity and Prototypicality on Aesthetic Responses to New Product Designs," *Journal of Consumer Research*, 24 (March), 374-94.

von Ehrenfels, C. (1890), "Über Gestaltqualitäten," *Vierteljahrsschrift für wissenschaftliche Philosophie*, 14, 249-92.

Wang, S., S. E. Beatty und D. L. Mothersbaugh (2009), "Congruity's Role in Website Attitude Formation," *Journal of Business Research*, 62 (6), 609–15.

Wansink, B. (1996), "Can Package Size Accelerate Usage Volume?," *Journal of Marketing*, 60 (July), 1-14.

Wansink, B. und M. L. Ray (1996), "Advertising Strategies to Increase Usage Frequency," *Journal of Marketing*, 60 (1), 31-46.

Wansink, B. und K. van Ittersum (2003), "Bottom Up! The Influence of Elongation on Pouring and Consumption Volume," *Journal of Consumer Research*, 30 (3), 455-63.

Wertheimer, M. (1925a), "Über Gestalttheorie," *Symposion. Philosophische Zeitschrift für Forschung und Aussprache*, 1, 39-60.

--- (1925b), "Untersuchungen zur Lehre von der Gestalt: II (Investigations in Gestalt Theory: II," *Psychologische Forschung*, 4, 301-50.

White, D. und E. L. Truly (1989), "Price-Quality Integration in Warranty Evaluations," *Journal of Business Research*, 19 (September), 109–25.

Whitfield, T. W. A. und P. E. Slatter (1979), "The Effects of Categorization and Prototypicality on Aesthetic Choice in a Furniture Selection Task," *British Journal of Psychology*, 70 (1), 65-75.

Whittlesea, B. W. A. (1993), "Illusions of Familiarity," *Journal of Experimental Psychology: Learning, Memory, and Cognition*, 19 (6), 11235-1253.

Winkielman, P. und J. T. Cacioppo (2001), "Mind at Ease Puts a Smile on the Face: Psychophysiological Evidence That Processing Facilitation Elicits Positive Affect," *Journal of Personality and Social Psychology*, 81 (December)), 989–1013.

Wolfe, J. M., K. R. Kluender und D. M. Levi (2006), *Sensation and Perception*, Sunderland, MA: Sinauer.

Wright, A. A. und J. G. Lynch (1995), "Communication Effects of Advertising Versus Direct Experience When Both Search and Experience Attributes are Present," *Journal of Consumer Research*, 21 (4), 708-18.

Yalch, R. F. und E. R. Spangenberg (1990), "Effects of Store Music on Shopping Behavior," *Journal of Consumer Marketing*, 7 (2), 55-63.

--- (1993), "Using Store Music for Retail Zoning: A Field Experiment," *Advances in Consumer Research*, 20, 632-36.

--- (2000), "The Effects of Music in a Retail Setting on Real and Perceived Shopping Times," *Journal of Business Research*, 49 (2), 139–47.

Yang, S. und P. Raghubir (2005), "Can Bottles Speak Volumes? The Effect of Package Shape on How Much to Buy," *Journal of Retailing*, 81 (4), 269-81.

Zajonc, R. B. (1968), "Attitudinal Effects of Mere Exposure," *Journal of Personality and Social Psychology Monographs*, 9 (No. 2, Part 2), 1-27.

--- (1980), "Feeling and Thinking: Preferences Need No Inferences," *American Psychologist*, 35 (2), 151-75.

Zhu, R. J. und J. Meyers-Levy (2005), "Distinguishing Between the Meanings of Music: When Background Music Affects Product Perceptions," *Journal of Marketing Research*, 43 (August), 333–45.

Anhang

Abbildung 10: Struktur der multimodalen Gedächtnistheorie (Engelkamp 1997, S. 57)

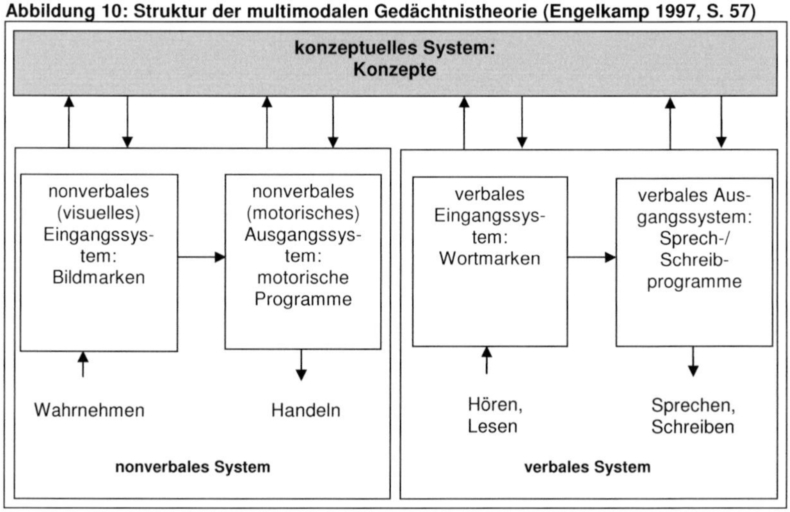

Die multimodale Gedächtnistheorie von Engelkamp (1990) geht davon aus, dass es Teilsysteme des Gedächtnisses gibt, die für die Verarbeitung und Speicherung modalitätsspezifischer Informationen zuständig sind. Zunächst unterscheidet Engelkamp zwischen einem verbalen und einem nonverbalen System (siehe Abbildung 10). Diese Systeme werden wiederum unterteilt in zwei weitere Subsysteme, von denen das eine sinnesspezifische (visuell, haptisch, usw.), das andere motorische Reize verarbeitet und speichert[10]. Die verschiedenen Systeme (visuell-verbal, motorisch-nonverbal etc.) bezeichnet Engelkamp als modalitätspezifisch. Laut Engelkamp (1990) weist der Begriff „multimodal" darauf hin, dass Gedächtnisleistungen auf Informationen verschiedener Modalitäten beruhen und in Abhängigkeit von diesen variieren können. Die Einheiten des sensorischen Wissens werden als Marken oder sensorische Repräsentationen bezeichnet, die des motorischen Wissens als motorische Programme oder motorische Repräsentationen (Engelkamp 1990; Engelkamp und Zimmer 2006). Beide können in einer generalisierten und in einer episodischen Form vorkommen. Die gene-

10 Engelkamp begründet diese Annahme mit hirnpsychologischen Untersuchungen, die belegen, dass im Gehirn unterschiedliche Hirnareale existieren, in denen modalitätsspezifische Reize verarbeitet werden z.B. visuelle Reize im Okzipitallappen, akustische Reize im Schläferlappen und motorische Reize im Frontallappen. Zudem ist die linke Hemisphäre bei den meisten Menschen für die Verarbeitung bestimmter sprachlicher Informationen kritisch (Engelkamp 1990, S. 9).

ralisierten Marken repräsentieren die durchschnittliche sensorische Erfahrung von Objekten und Ereignissen und die episodischen Marken eine individuelle sensorische Erfahrung. So beinhalten Bildmarken z.B. das Erscheinungsbild von Objekten inklusive Form, Textur, Farbe, Orientierung etc.. Die motorischen Programme repräsentieren Informationen über die spezifischen Bewegungsmuster von Handlungen. Neben den modalitätsspezifischen Systemen gibt es ein übergeordnetes modalitätsunspezifisches System, das als konzeptuelles System bezeichnet wird (siehe Abbildung 10). Hier ist das bedeutungshaltige Wissen in sogenannten Konzepten gespeichert, die netzwerkartig miteinander verbunden sind. Dabei wird analog zur Schematheorie davon ausgegangen, dass das konzeptuelle System in der Lage ist, Sachverhalte in Rahmen einer Schemabildung zu hierarchisch organisierten Klassen zusammenzufassen (Engelkamp 1990).

Tabelle 23: Ergebnisse der konfirmatorischen Faktorenanalyse der Markenpersönlichkeitsdimensionen (eigene Berechnungen)

Faktor	Item	Ladung	gering (M_{Optik})	Beispiel	hoch (M_{Optik})	Beispiel	gering (M_{Haptik})	Beispiel	hoch (M_{Haptik})	Beispiel
Aufrichtigkeit	aufrichtig freundlich bodenständig ursprünglich	,83 ,72 ,84 ,77	*OGO* (3,28)		*Pommern Quelle* (6,00)		*OGO* (3,59)		*GMQ* (5,86)	
Spannung	wagemutig modern phantasievoll temperament-voll	,70 ,87 ,84 ,81	*Heppin-ger* (2,71)		*Carolinen -Brunnen* (5,93)		*Can-Tell* (2,81)		*Carolinen-Brunnen* (6,21)	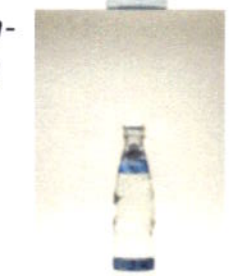
Kompetenz	zuverlässig intelligent erfolgreich	,83 ,89 ,85	*Apollina-ris* (2,86)		*GMQ* (6,38)		*Apollina-ris* (3,38)		Franken Brunnen exquisit (5,76)	
Kultiviertheit	vornehm charmant	,83 ,93	*Sankt Martin* (1,79)		*Finé* *(5,93)*		*Sinalco* (2,14)		*Finé* *(6,00)*	
Robustheit	robust widerstands-fähig	,93 ,85	*Ty Nant* (3,43)		*Flens-burger* (6,36)		*Sankt Martin* (3,36)		*S. Pel-legrino* (6,58)	

Abbildung 11: Fragebogen der zweiten und dritten Studie

C | A | U Christian-Albrechts-Universität zu Kiel | A & F Marketing

Wahrnehmung von Marken

Im Rahmen einer wissenschaftlichen Studie, ohne kommerziellen Auftraggeber, untersuchen wir die multisensorische Wahrnehmung von Marken. Zur Durchführung der Studie sind wir auf Ihre Hilfe angewiesen! Sie bleiben selbstverständlich anonym und Ihre Antworten werden nicht zu kommerziellen Zwecken verwendet!

Bitte beantworten Sie alle Fragen so gut Sie können. Es gibt keine richtigen oder falschen Antworten. Es zählt einzig und allein Ihre Meinung!

VIELEN DANK IM VORAUS FÜR IHRE ZEIT UND HILFSBEREITSCHAFT!

Teil 1: Fragen zur Marke ____________ Bitte ausschließlich für das vorliegende Produkt bewerten!

Im Folgenden werden Sie gebeten, die Ihnen vorliegende Marke anhand von Persönlichkeitsmerkmalen zu beschreiben. Lassen Sie sich weder durch die Merkmalsvielfalt noch durch etwaige Ähnlichkeiten der Merkmale beirren und konzentrieren Sie sich nur auf die Marke und das jeweils zu beantwortende Merkmal.

Wenn diese Marke eine Person wäre, dann wäre sie....	Stimme voll und ganz zu	1	2	3	4	5	6	7	Stimme überhaupt nicht zu
... zuverlässig.		O	O	O	O	O	O	O	
... wagemutig.		O	O	O	O	O	O	O	
... aufrichtig.		O	O	O	O	O	O	O	
... intelligent.		O	O	O	O	O	O	O	
... robust.		O	O	O	O	O	O	O	
... vornehm.		O	O	O	O	O	O	O	
... freundlich.		O	O	O	O	O	O	O	
... modern.		O	O	O	O	O	O	O	
... charmant.		O	O	O	O	O	O	O	
... erfolgreich.		O	O	O	O	O	O	O	
... widerstandsfähig.		O	O	O	O	O	O	O	
... phantasievoll.		O	O	O	O	O	O	O	
... bodenständig.		O	O	O	O	O	O	O	
... temperamentvoll.		O	O	O	O	O	O	O	
... naturbelassen/ursprünglich.		O	O	O	O	O	O	O	

Bitte geben sie nun an, inwieweit die folgenden Eigenschaften auf das Ihnen vorliegende Produkt zutreffen.

Das Produkt ...	Trifft voll und ganz zu	1	2	3	4	5	6	7	Trifft überhaupt nicht zu
... ist gesund.		o	o	o	o	o	o	o	
... ist lecker.		o	o	o	o	o	o	o	
... ist erfrischend.		o	o	o	o	o	o	o	

		1	2	3	4	5	6	7	
Das Produkt ist....	attraktiv	o	o	o	o	o	o	o	nicht attraktiv
	schön	o	o	o	o	o	o	o	hässlich
	begehrenswert	o	o	o	o	o	o	o	nicht begehrenswert

		1	2	3	4	5	6	7	
Die Wahrscheinlichkeit, dass dieses Produkt zuverlässig ist, ist ...	sehr hoch	o	o	o	o	o	o	o	sehr gering
Die Qualität dieses Produktes ist ...	sehr hoch	o	o	o	o	o	o	o	sehr gering
Dieses Produkt scheint langlebig zu sein.	stimme voll zu	o	o	o	o	o	o	o	stimme überhaupt nicht zu

Bitte geben sie nun an, inwieweit die folgenden Eigenschaften auf die Ihnen vorliegende Marke zutreffen.

		1	2	3	4	5	6	7	
Die Marke ist mir...	sehr bekannt	o	o	o	o	o	o	o	gar nicht bekannt

Teil 2: Kaufabsicht

Bitte geben Sie auf der Skala von 1 bis 7 an, inwieweit Sie mit den folgenden Aussagen überein stimmen.

	Trifft voll und ganz zu	1	2	3	4	5	6	7	Trifft überhaupt nicht zu
Ich überlege ernsthaft, mir diese Marke zu kaufen.		o	o	o	o	o	o	o	
Diese Marke gefällt mir so gut, dass ich bewusst Ausschau danach halten werde.		o	o	o	o	o	o	o	
Meine Kaufbereitschaft für diese Marke ist hoch.		o	o	o	o	o	o	o	

Wie hoch, schätzen Sie, ist der durchschnittliche Preis der Ihnen vorliegenden Marke im Supermarkt?

____,_____ Euro/Liter

Teil 3: Fragen zu Ihrer Person

Bitte geben Sie Ihr Alter und Ihr Geschlecht an: Ich bin _____ Jahre alt und

O weiblich **O** männlich

VIELEN DANK IM VORAUS FÜR IHRE ZEIT UND HILFSBEREITSCHAFT!

Tabelle 24: Skala zur Messung des Design Acumens (Bloch, Brunel und Arnold 2003, S.556)

	Trifft voll und ganz zu	1	2	3	4	5	6	7	Trifft überhaupt nicht zu
Ich habe im Laufe der Zeit die Fähigkeit entwickelt, feine Unterschiede im Produktdesign zu erkennen.		O	O	O	O	O	O	O	
Ich nehme Feinheiten im Produktdesign wahr, die andere Menschen tendenziell eher übersehen.		O	O	O	O	O	O	O	
Ich besitze die Fähigkeit, mir genau vorstellen zu können, wie ein Produkt zu dem Design anderer Dinge, die ich bereits besitze, passt.		O	O	O	O	O	O	O	
Ich kann mir gut vorstellen, was ein Produkt besser aussehen lässt als andere.		O	O	O	O	O	O	O	

Tabelle 25: "Need for Touch" Skala (Peck und Childers 2003a, S.432)

	Trifft voll und ganz zu	1	2	3	4	5	6	7	Trifft überhaupt nicht zu
Wenn ich durch einen Laden laufe, kann ich es nicht lassen, alle möglichen Produkte anzufassen.		O	O	O	O	O	O	O	
Produkte anzufassen, kann Spaß machen.		O	O	O	O	O	O	O	
Wenn ich einen Laden durchstöbere, ist es für mich wichtig, alle möglichen Produkte anzufassen.		O	O	O	O	O	O	O	
Ich liebe es, Produkte anzufassen, auch wenn ich keine Absicht habe, sie zu kaufen.		O	O	O	O	O	O	O	
Wenn ich durch einen Laden schlendere, fasse ich gerne viele Produkte an.		O	O	O	O	O	O	O	
Ich ertappe mich häufig dabei, allerhand Produkte im Laden anzufassen.		O	O	O	O	O	O	O	
Ich habe mehr Vertrauen zu Produkten, die ich vor dem Kauf anfassen kann.		O	O	O	O	O	O	O	
Ich fühle mich wohler, wenn ich ein Produkt vor dem Kauf physikalisch inspizieren/prüfen kann.		O	O	O	O	O	O	O	
Wenn ich ein Produkt im Laden nicht anfassen kann, sträube ich mich davor, das Produkt zu kaufen.		O	O	O	O	O	O	O	
Ich tätige lieber einen Einkauf, nachdem ich ein Produkt angefasst habe.		O	O	O	O	O	O	O	
Die einzige Möglichkeit um sicher zu gehen, ob sich der Kauf eines Produktes lohnt, ist, es tatsächlich anzufassen.		O	O	O	O	O	O	O	
Es gibt viele Produkte, die ich nur kaufe würde, wenn ich sie vor dem Kauf anfassen könnte.		O	O	O	O	O	O	O	